Battenberg Antiquitäten-Kataloge

Armbanduhren

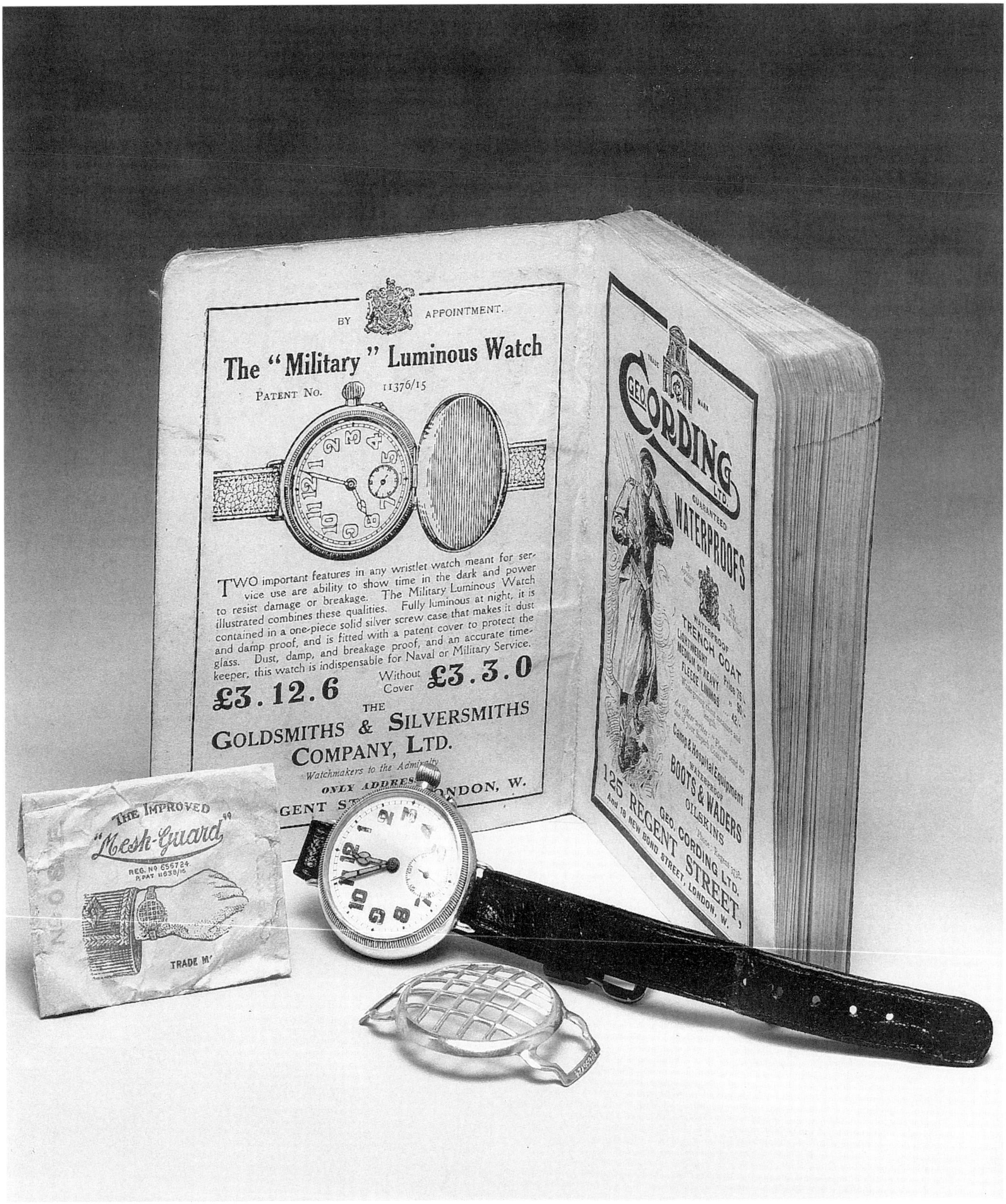
BY APPOINTMENT.
The "Military" Luminous Watch
PATENT No. 11376/15
TWO important features in any wristlet watch meant for service use are ability to show time in the dark and power to resist damage or breakage. The Military Luminous Watch illustrated combines these qualities. Fully luminous at night, it is contained in a one-piece solid silver screw case that makes it dust and damp proof, and is fitted with a patent cover to protect the glass. Dust, damp, and breakage proof, and an accurate timekeeper, this watch is indispensable for Naval or Military Service.
£3.12.6
Without Cover £3.3.0
THE
GOLDSMITHS & SILVERSMITHS COMPANY, LTD.
Watchmakers to the Admiralty
LONDON, W.
GEO. CORDING LTD.
GUARANTEED
WATERPROOFS
TRENCH COAT
Camp & Hospital Equipment
WATERPROOF
BOOTS & WADERS
OILSKINS
GEO. CORDING LTD.
125 REGENT STREET,
And 19 NEW BOND STREET, LONDON, W.
THE IMPROVED
"Mesh-Guard"
REG. No 656724.
TRADE M

Battenberg Antiquitäten-Kataloge

ARMBANDUHREN

von Gisbert L. Brunner
und Christian Pfeiffer-Belli

Battenberg Verlag

Abb. auf Seite 2:
The »Military« Luminous Watch
1918. Silber. Leuchtziffern. Handaufzug, Zeigerstellung mit Drücker bei der »4«.
15 Steine. Flachspirale. Bimetall. Unruh. Verschraubtes, zweiteiliges Gehäuse.
(Sothebys) 1.000,-/1.500,-

Die Deutsche Bibliothek – CIP-Einheitsaufnahme
Armbanduhren / Gisbert L. Brunner; Christian Pfeiffer-Belli.
Augsburg: Battenberg, 1992
(Battenberg-Antiquitäten-Kataloge)
ISBN 3-89441-056-6
NE: Brunner, Gisbert L.; Pfeiffer-Belli, Christian

BATTENBERG VERLAG AUGSBURG

Gesamtherstellung: Wiener Verlag, Himberg
Printed in Austria
ISBN 3-89441-056-6

Inhaltsverzeichnis

Einführung in das Sammelgebiet

Katalog – Bildteil

Einleitung

Aus Katalog Cartier

Gestatten Sie einen Blick auf Ihr linkes (oder rechtes) Handgelenk, und erlauben Sie, einmal an Ihrer Armbanduhr zu lauschen. Tickt es dort noch, oder vielleicht schon wieder? Wenn ja, dann gehören Sie zu den Zeitgenossen, die den aktuellen Zug der Zeit bereits erkannt haben, die ein ausgeprägtes Zeitgefühl besitzen, welches der amerikanische Psychologe Robert Levine als den »Herzschlag der Kultur« bezeichnet hat.

Tempora mutandur; die Zeiten ändern sich, und mit ihnen die Menschen. Eingetreten ist nämlich das, was noch vor zehn Jahren kopfschüttelnd ins Reich der Phantasie ewig Gestriger verwiesen worden wäre: Die mechanische Armbanduhr, egal ob alt oder neu, feiert seit geraumer Zeit ein glorreiches Comeback, macht den ultrapräzisen Quarzchronometern ihren vermeintlich sicheren Platz am Handgelenk mehr und mehr streitig. In steigendem Maße gefragt sind wieder die Armbanduhren mit Seele, deren Sekundenzeiger charmant aber beharrlich ein wenig abweicht von der cäsiumgesteuerten und per Ätherwellen übertragenen Normalzeit; Zeitmesser, die ihre Besitzer nicht zu Sklaven jener Sekunde degradieren, auf die es im täglichen Leben meistens gar nicht ankommt.

Ausgelöst wurde die Renaissance der tickenden Zeitmesser fürs Handgelenk durch eine anfänglich eher kleine Schar von Enthusiasten, die sich partout nicht damit abfinden wollte, daß die Zukunft der fließbandgefertigten Quarzuhr fernöstlicher Provenienz gehören sollte. Sie beharrte stattdessen auf den geliebten feinstmechanischen Kleinodien und wandte sich, in Ermangelung von Alternativen, schließlich den Armbanduhren aus vergangenen Blüteperioden zu.

Waren es zu Beginn unseres Jahrhunderts, wie noch zu lesen sein wird, mehrheitlich die Damen, welche der am Handgelenk zu tragenden Uhr ihre Sympathie bekundeten, ging die neue Leidenschaft für tickende Zeitmesser nach 1983 zunächst von den Männern aus. Der Grund: Die qualitativ hochwertige Armbanduhr gilt heute als das Schmuckstück der Herren schlechthin. Sie läßt sich, wenn gewünscht, deutlich sichtbar tragen, weist ihren Besitzer als Kenner aus und besitzt zudem noch Funktionalität. Sie zu tragen bereitet Lust; jeder Blick aufs Zifferblatt bringt Freude und Besitzerstolz mit sich. Immerhin schaut man, wenn auch meistens unbewußt, im Laufe eines Tages öfter auf das Zifferblatt der Armbanduhr als in den Spiegel. Bald jedoch waren auch die Damen der Gesellschaft nicht mehr bereit, ihre hedonistischen Uhr-Gefühle zu verbergen. Sie verlangten und bekamen gleichfalls die angemessene Zierde fürs Handgelenk, häufig allerdings in Form von Herrenuhren.

Der dadurch entfachte Boom ließ die Preise für das neue Sammelobjekt innerhalb kürzester Zeit explodieren. Die Sensationsmeldungen über immer neue Preisrekorde bei Auktionen nahmen kein Ende. So konnte es nicht ausbleiben, daß die Armbanduhr immer mehr ins Blickfeld auch jener Zeitgenossen rückte, denen es bis dahin eher gleichgültig war, welche Art von Chronometer am Handgelenk ihre kostbare Zeit bewahrte. Dieses neue Bewußtsein förderte, weil gut erhaltene alte Armbanduhren nur begrenzt verfügbar waren, ja letztlich immer seltener und deswegen immer teurer wurden, auch die Nachfrage nach neuen Produkten der traditionellen Uhrmacherkunst. In beinahe wunderbarer Symbiose leben heute die alten und neuen Armbanduhren nebeneinander. Beide haben ihre enthusiastische, ständig steigende Anhängerschar.

Als größte Nutznießer dieser unverhofften Entwicklung können letztlich jene Handwerks- und Industriezweige gelten, welche die meisten der Protagonisten des

Geschehens einstmals angefertigt hatten: die renommierten Uhrenhersteller in den westschweizerischen Uhrenzentren Genf, Le Locle, La Chaux-de-Fonds, Biel und vor allem im abgeschiedenen Vallée-de-Joux, wo mehr als 90 Prozent aller mechanischen Komplikationen für Uhren ersonnen und hergestellt werden.
Noch zu Beginn der siebziger Jahre herrschte überall dort eine tiefe Strukturkrise, in vielen Zeitungen als »Die Krise« schlechthin beschrieben, obschon exakt 100 Jahre zuvor eine nicht minder schwere Depression, genannt die »Amerikanische Krise«, die westschweizerische Uhrenindustrie erschüttert hatte. Weitere Krisen folgten in fast regelmäßigen Abständen. Erfolgverwöhnt und monopolistisch denkend, hatten viele Uhrenfabrikanten nach dem Zweiten Weltkrieg mehr und mehr das Gespür für aktuelle Trends verloren. Sie produzierten Uhren, die ganz einfach an der Zeit vorbeigingen und deshalb unverkäuflich waren. Konkurse und eine dramatische Arbeitslosigkeit waren an der Tagesordnung. Viele der qualifizierten Uhrmacher mußten sich angesichts der ausweglosen Situation einer Umschulung zu Feinmechanikern oder Elektronikern unterziehen. Eine unheimliche Stille machte sich breit in der Uhr-Schweiz. Die Fenster und die Fassaden der immer häufiger leerstehenden Gebäude mit der einstmals stolzen Aufschrift »Manufacture d'Horlogerie« wurden zusehends grauer.
Erst zu Anfang der achtziger Jahre besann man sich – endlich wieder – auf längst vergessen geglaubte Fähigkeiten wie Kreativität und handwerkliche Meisterschaft, aber auch auf eine unübertroffene Erfahrung und eine jahrhundertealte Tradition in der Uhrmacherei. Deshalb gibt es derzeit auf dem Gebiet der mechanischen Armbanduhren ein Spektrum vor allem an komplizierten mechanischen Modellen, das früher undenkbar gewesen wäre. Die modernen Technologien, vor allem computergesteuerte Konstruktions- und Fertigungsmethoden, machen es möglich.
Verlorengegangen ist indessen die Vielfalt vergangener Jahre und Jahrzehnte im Bereich der Werke und ihrer Hersteller. Hunderte verschiedener Kaliber mit manuellem oder automatischem Aufzug, mit Chronograph, Wecker oder sonstigen Zusatzfunktionen weisen die Werksucher für die Epoche bis etwa 1970 aus. Sie wird es nie mehr geben, weil, trotz aller Nachfrage, die Neueinrichtung von Transferstraßen zu ihrer Herstellung die Preise für Rohwerke in astronomische Höhen treiben würde. Gerade dieser Sachverhalt macht das Sammeln alter Armbanduhren so interessant und reizvoll. Egal ob man sich mit Spezialgebieten, z.B. automatischen Armbanduhren, Chronographen, Weckern oder Chronometern, beschäftigt, oder ob man querbeet sammelt.
Wichtig dabei ist nur, daß man sich mit dem immens breitgestreuten Feld der Armbanduhren intensiv beschäftigt hat, bevor man mit dem Aufbau einer Sammlung beginnt. Nur so kann man Fehler vermeiden, die bei diesem nicht gerade billigen Sammelgebiet relativ schnell ins Geld gehen können.
Speziell hier möchte das vorliegende Buch eine Hilfe sein. Es will einen Preisrahmen für die unterschiedlichen Gruppen von Armbanduhren, angefangen bei einfachen Modellen bis hin zu komplizierten Luxusexemplaren abstecken. Dazu sollen aber auch Hinweise gegeben werden, die diesen komplexen Bereich durchschaubar machen, die das Marktgeschehen durchleuchten und die technische Seite der Armbanduhr verdeutlichen.

Eine kleine Chronologie der Armbanduhr

Die Geschichte der Armbanduhr, wie wir sie heute kennen und mit größter Selbstverständlichkeit auch benützen, reicht viel weiter zurück, als man bei oberflächlicher Betrachtung vielleicht glauben könnte, denn im Prinzip läßt sie sich mehr als 400 Jahre zurückverfolgen.

Daneben jedoch nimmt sich die Geschichte der Serien-Armbanduhr im weitesten Sinne des Wortes vergleichsweise bescheiden aus. Sie währt allenfalls wenig mehr als hundert Jahre und ein Jahrzehnt. Und zum Volks-Zeitmesser, der durchaus das Attribut für sich in Anspruch nehmen kann, ein Stück Kulturgut des Menschen zu sein, konnte sie sich erst in unserem Jahrhundert entwickeln.

Deshalb ist es zum besseren Verständnis dieses Uhrentyps, der trotz seiner großen Verbreitung in der bedeutsamen Geschichte der Zeitmessung lange eine Randstellung eingenommen hat, erforderlich, ein wenig ausführlicher in den diesbezüglichen Annalen zu blättern. Erst dann wird die Genese des Zeitmessers fürs Handgelenk soweit transparent, wie es der Umgang mit einem Sammelgebiet erfordert.

Eine wesentliche Voraussetzung für die Geburt der Armbanduhr, oder besser gesagt, ihrer Vorläufer, waren die Fortschritte der Uhrmacher in technischer und handwerklicher Sicht. Technische Entwicklungen, darunter die so wichtige Erfindung der Zugfeder, führten zur tragbaren Uhr. Die Vervollkommnung handwerklicher Fertigkeiten brachte unter anderem eine zunehmende Miniaturisierung der Uhren mit sich.

Fragt man nach den genauen Jahren all dessen, beginnen sich die Geister zu scheiden; und in Ermangelung exakter Chroniken sieht man sich gezwungen, manche Angaben auf Jahrzehnte auszuweiten. So kann man zur ersten Verwendung von Zugfedern in Uhren nur feststellen, daß dies wohl im Frankreich des späten 15. Jahrhunderts gewesen sein muß. Im Zusammenhang mit der ersten Taschenuhr fällt immer wieder der Name Peter Henlein aus Nürnberg. Über ihn schreibt ein gewisser Johannes Cocleusim im Anhang einer Nürnberger Weltbeschreibung aus dem Jahre 1511, der »Cosmographia Pomponii Melae«, folgendes: »Täglich erfinden sie feinere Dinge. So bringt Peter Henlein (im Original-Text Peter Hele genannt), ein noch junger Mann, Werke hervor, die selbst die gelehrtesten Mathematiker bewundern, denn aus ein wenig Eisen fertigt er mit vielen Rädern ausgestattete Uhren, die, wie man sie auch wenden mag, ohne irgendein Gewicht 40 Stunden zeigen und schlagen, selbst wenn sie im Busen oder Geldbeutel stecken.« Doch Enrico Morpurgo kommt nach seinen Forschungen zu der Auffassung, daß es in Italien bereits 1475 tragbare Uhren gegeben haben soll.

Wie dem auch sei: Die Wende vom 15. zum 16. Jahrhundert ist auf jeden Fall ein markanter Zeitpunkt, wenn es um die künftige Geschichte der Armbanduhr geht. 1518, so sagt man, habe in Blois der 1504 geborene und 1530 gestorbene Uhrmacher Julien Coudrey für Ludwig XI. zwei Dolche mit Ührchen in den Griffen angefertigt. In den Geschichtsbüchern der Uhrmacherei wird des weiteren Kaiser Karl V. erwähnt. Er besaß eine Vorliebe für mechanische Kostbarkeiten und trug einen Ring am Finger, der mit einem winzigen Ührchen bestückt war. Im Jahre 1542 soll der Mathematiker Ubaldi ein ähnliches Schmuckstück als Geschenk erhalten haben.

Darüber hinaus dürfte es mit Sicherheit eine ganze Reihe weiterer Persönlichkeiten gegeben haben, die einen ihrer persönlichen Zeitmesser am Finger trugen, von den Chroniken jedoch nicht erfaßt wurden.

Der Weg der Uhr ans Handgelenk war damit bereits vorgezeichnet. Er beanspruchte nach heutigem Wissen drei weitere Jahrzehnte und führt uns ins England Königin

Elisabeth I. Von ihrem Günstling, dem Grafen von Leicester, soll die Regentin 1571, dem Jahr der Wiedereinführung der Reformation, ein kleines, an einem Armreif befestigtes Ührchen geschenkt bekommen haben. Damit beginnt, zumindest nach derzeitigem Kenntnisstand, die Geschichte der am Handgelenk getragenen Uhr.
Der weitere Weg dieses Zeitmessers durch die Jahrhunderte soll, der besseren Übersicht halber, nachfolgend in tabellarischer Form aufgezeigt werden:

1623 wurde Blaise Pascal, im späteren Leben Religionsphilosoph, Mathematiker und Physiker sowie Erfinder der Rechenmaschine, geboren. Von ihm geht die Kunde, daß er seine Taschenuhr am Handgelenk befestigt getragen haben soll, was aufgrund der rationalen Scharfsinnigkeit dieses naturwissenschaftlichen Genies nicht von der Hand zu weisen ist.

1750 In der Mitte des 18. Jahrhunderts, so bringen verschiedene Quellen zum Ausdruck, soll bei Müttern und Kindermädchen die Befestigung der Anhängeuhren am Handgelenk sehr beliebt gewesen sein. Dort nämlich fanden sie den besten Schutz vor dem allzu raschen Zugriff der unberechenbaren Kinderhände.

1790 weist die »Schweizer Uhr« auf eine an einem Armband befestigte Uhr hin, die von Jaquet-Droz und Leschot angefertigt und in den Rechnungsbüchern verzeichnet wurde.

Zwei Schmuckarmbänder von Nitot

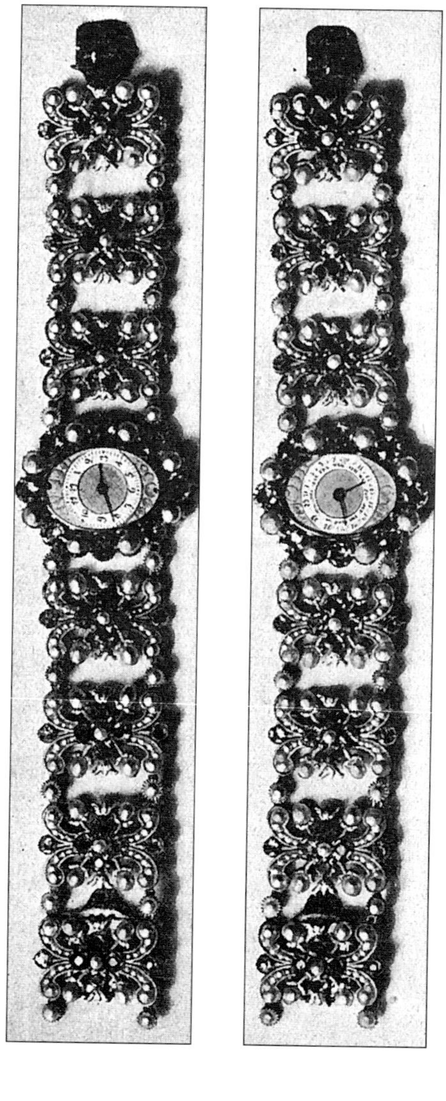

Sowohl in Museen als auch in Privatsammlungen befinden sich eine ganze Reihe Armband-Uhren, deren Geschichte nachweislich auf die Anfänge des 19. Jahrhunderts zurückgeht, also auf eine Zeit, als die Armbanduhr noch alles andere als eine Modeerscheinung war.

1806 schuf der Pariser Uhrmacher und Goldschmied Nitot, Hoflieferant des Kaisers und der Kaiserin von Frankreich sowie des Königs und der Königin von Westfalen, zwei Schmuck-Armbänder, eines mit Ührchen, das zweite mit mechanisch schaltbarem Kalender. Er tat dies im Auftrag der Kaiserin Joséphine, Gemahlin Napoleon Bonapartes, deren exzessiver Luxus bekannt war. Vorgesehen hatte die Bestellerin sie als Hochzeitsgeschenk für Amalie Auguste, eine Tochter König Maximilian I. von Bayern, die mit Joséphines Sohn aus erster Ehe, dem Prinzen Eugen vermählt werden sollte.

1831 bis 1838 lieferte das Haus Breguet verschiedene Ührchen mit Armband an unterschiedliche Kunden. Im Inneren, so wissen es die Archivbücher des Nobelherstellers, tickten 8linige Uhrwerke.

1854 wurde in Paris die Pferdetrambahn eingeführt. Deren Fahrer – oder besser gesagt Kutscher – sollen die Bewahrung ihrer Zeit Armbanduhren, vermutlich Dienstuhren, anvertraut haben.

1868 begann das Genfer Haus Patek Philippe & Co. mit den Arbeiten an einem Goldarmband mit eingebautem Ührchen. Verkauft werden konnte es jedoch erst fünf Jahre später, 1873.

1878 tauchten in Kleinserie hergestellte Armbanduhren auf, deren Herkunftsort Wien ist. Sie wurden den Chronisten zufolge »von Herren zur eigenen Bequemlichkeit getragen«.

1880 Um diese Zeit entstanden die ersten, vermutlich in größerer Serie gefertigten Armbanduhren. Sie gingen auf das Konto der Deutschen Kriegsmarine, die für Offiziere in der Uhrenmetropole La Chaux-de-Fonds bei der Firma Girard Perregaux an Armketten zu tragende Dienstuhren bestellt hatte. Ausgestattet waren diese dem Vernehmen nach mit 10- und 12linigen Werken.

Vom Handgelenk der Herren wandern die Serien-Armbanduhren dann sukzessive an diejenigen der Damen und zwar zunächst vornehmlich zu deren Schmuck. Technisch wäre die Serienproduktion der Armbanduhr, wenn man die großartigen Fortschritte im Bereich der Rohwerkeherstellung, der präzisen Fertigung und damit der Austauschbarkeit der Teile sowie der Remontage an dieser Stelle einmal nüchtern betrachtet, bereits viel eher möglich gewesen als sie es tatsächlich wurde.
Daß dies nicht geschah, ist sicherlich weniger der Uhrenindustrie selber zuzuschreiben, die infolge der regelmäßig wiederkehrenden Uhrenkrisen mit Sicherheit kein lukratives Geschäft links liegen ließ. Schuld waren vielmehr die konservativen, patriarchalisch erzogenen Männer. Ihre Tendenz, vornehmlich das Bekannte zu akzeptieren und Neues abzulehnen, kann rückblickend sicherlich als ein Hemmschuh für die schnellere Verbreitung der Armbanduhr betrachtet werden.
Als ein Beleg für diese These möge die Uhrenindustrie selber dienen, die ihre Anpassungsfähigkeit immer wieder deutlich unter Beweis stellte. So z.B. in der Biedermeierzeit, als die Hosen der Herren sehr eng geschnitten waren. Die Uhrenindustrie reagierte darauf mit immer flacheren Taschenuhren, die im Hosensack möglichst wenig auftrugen.
Die folgenden drei Jahrzehnte stehen, was die Verbreitung der Serien-Armbanduhr anbetrifft, hauptsächlich im Zeichen der Damen. Die Herren, in diesem Zusammenhang vornehmlich repräsentiert durch Sportler und Militärs, nehmen während dieser Epoche zahlenmäßig eher Randpositionen ein. Diese sind jedoch in höchstem Maße spektakulär und zudem von beträchtlicher Relevanz, weil sie zum technischen Fortschritt der Armbanduhr entscheidend beigetragen haben.

Frühe Damenarmbanduhr mit Scherenband, Schweiz

1886 wurden, einer Meldung des Journal Suisse d'Horlogerie zufolge, in Luzern goldene und silberne Armbanduhren mit sog. Scherenbändern an Fremde, hauptsächlich an durchreisende Amerikanerinnen verkauft. Im Inneren versahen 9linige Zylinderwerke ihren Dienst. Lieferant war der Uhrenfabrikant Frédéric Cuanillon aus La Chaux-de-Fonds mit seiner Firma »Kulm«, der damit, wie die Zeitschrift weiter bemerkt, »einen schönen Umsatz« erzielte.

1904 veröffentlichte Omega in der Leipziger Uhrmacherzeitung ein Großinserat, in dem die Erfahrungen eines britischen Artillerieoffiziers während des Burenkrieges (1899 – 1902) herausgestellt wurden. Dieser hatte berichtet, daß die Armbanduhr unerläßlicher Teil der Feldausrüstung gewesen sei und die Extreme der Hitze und Kälte, starken Regens und fortwährender Sandstürme gut überstanden habe.
Hinzu kam ein weiterer großer Vorteil: Bei den Soldaten hatte es sich als hilfreich, ja mitunter sogar als lebensrettend erwiesen, zum Ablesen der Zeit nur aufs Handgelenk blicken, anstatt umständlich eine Taschenuhr aus den Tiefen der Uniform kramen zu müssen.

1907 Seinem Freund Louis Cartier vertraute der brasilianische Flugpionier Alberto Santos-Dumont bei einer Feier im Pariser Maxim's an, daß er am Steuer seines Luftschiffes mit seiner Taschenuhr die Uhrzeit »nicht gut unter Kontrolle« habe. Cartier reagierte prompt, und am 12. November 1907 konnte Santos-Dumont mit seinem Drachenflugzeug und einer eigens für ihn entworfenen Armbanduhr seinen berühmten 220 Meter Rekordflug durchführen.

Mit diesem Prototyp der »Santos«, die ab 1911, ausgestattet mit Uhrwerken der Firma Jaeger für jedermann zu haben war, tat die Armbanduhr einen riesigen Schritt zur Befreiung vom Taschenuhr-Design.

1909 erfolgte die Vorstellung der ersten Armbanduhren mit Chronograph.

1912 war die Präsentation der ersten Armbanduhren mit Datumsanzeige durch zentral angeordneten Zeiger zu verzeichnen.

1914 konsultierte die Zeitschrift »Femina« ihre Leserinnen über die Bedeutung der Armbanduhr. 4350 eingegangene Antworten wurden ausgewertet. Davon lauteten 3437 auf »unbedingt günstig« für die Armbanduhr, 480 Leserinnen zeigten sich noch unschlüssig und nur 433 zogen die Hängeuhr der Armbanduhr vor.

1915 erschienen die ersten wasserdichten Armbanduhren auf der Bildfläche. Sie waren natürlich auch ein Resultat der militärischen Erfordernisse des in Zentraleuropa tobenden Ersten Weltkriegs.

1916 bekannte ein betagter und erfahrener Fachhändler, daß die Armbanduhr trotz aller zugeschriebenen Mängel allgemein verlangt werde und daß man den Geschmack des Publikums zu respektieren habe. Dennoch betrachtete er die Vorliebe für die Armbanduhr als eine Verirrung des weiblichen Geschmacks, denn das Handgelenk sei sicherlich der unpassendste Ort zur Befestigung einer Uhr.

Des weiteren beklagte er sich über den mangelhaften Gang dieser Zeitmesser. Doch, so stellte er weiter fest, sei dieses Übel für die auf diesem Gebiet dominierende Damenwelt nicht sehr groß, denn diese müsse die Uhrzeit ohnehin nicht sekundengenau kennen. Für die Herren kämen hingegen nur gut ausgeführte Uhrwerke mit Ankerhemmung in Frage, welche die Zeit im allgemeinen gut bewahrten. Doch hätten letztere bedauerlicherweise keine allzu große Verbreitung gefunden, da die Fabrikanten wegen des größeren Profits mehr Wert auf die Dekoration und wertvolle Ausführung der Gehäuse legen würden.

Dazu ist anzumerken, daß in der Tat die frühen Armbanduhren hauptsächlich mit sehr kleinen Zylinderwerken ausgestattet waren. Diese ließen sich preiswert herstellen und boten den Fabrikanten dadurch mehr finanziellen Spielraum für die Ausstattung der Gehäuse. Außerdem beflügelte die Art, die Armbanduhren zu tragen und die durch Fachleute diesbezüglich geäußerte Kritik die Uhrenfabrikanten mitnichten, in die Ausführung der Werke zuviel zu investieren. Ein Fabrikant brachte dies folgendermaßen auf den Punkt: »Wir waren gewohnt, eine Präzisionsuhr als ein delikates Objekt zu betrachten. Man steckte seinen Chronometer mit Sorgfalt in die Westentasche und man zog ihn mit nicht weniger Respekt heraus, um die Zeit abzulesen und um seine Freunde, Verwandte und Bekannte dieses Meisterwerk der Mechanik bewundern zu lassen.«

1919 Inspiriert vom Aussehen der von den Engländern erstmals am 15. September 1916 im Rahmen der berühmten Sommeschlacht unter dem Tarnnamen »Tank« eingesetzten Kampfpanzer, schuf Louis Cartier ein weiteres wichtiges und richtungsweisendes Armbanduhrenmodell, dem er später den Namen »Tank L.C.« gab. Die ersten Exemplare dieses Modells wurden General John J. Pershing, Befehlshaber der amerikanischen Truppen in Frankreich, sowie einigen anderen hohen Offizieren der amerikanischen Streitkräfte überreicht. Im Jahr 1919 gelangte die »Tank L.C.« offiziell in den Verkauf.

Ebenfalls 1919, und zwar am 18. September, stellte der Pilot Roland Rohlfs mit seinem Flugzeug einen Weltrekord im Höhenflug auf, indem er 34.610 Fuß (10.550 m) erreichte. Begleiter am Handgelenk war eine wasserdichte »Depollier«-Armbanduhr, die das Ereignis trotz einer Außentemperatur von –44°C klaglos überstand.

1922 fertigte der Pariser Uhrmacher Léon Leroy für Sir David Salomons eine kleine Serie von Armbanduhren mit automatischem Aufzug. Sieben dieser Modelle waren zusätzlich mit einem Kalenderwerk versehen.

1924 schrieb Leopold Reverchon in der Zeitschrift »Der Uhrmacher«: »Heute kann man sagen, daß sie (die Armbanduhr) die Welt erobert hat: Sie wird von der Arbeiterin ebenso getragen wie von der Dame von Welt. Besondere Gunst aber hat sie in der Mittelschicht erlangt.«

1923 beantragte der Uhrmacher John Harwood in der Schweiz, in Deutschland und den USA ein Patent für eine vom ihm entwickelte Armbanduhr mit automatischem Aufzug.

1925 erschien das erste spezielle Buch zum Thema »Armbanduhr« mit dem Untertitel »ihr Wesen und ihre Behandlung bei der Reparatur«. Der Verfasser, der Uhrmacher Bruno Hillmann, bezeichnete die Armbanduhren darin als »... eine ganz besondere Uhrenabart ...., die so schwierig wie am Werktisch auch mit der Feder am Schreibtisch zu behandeln sind« und er wünschte sich nichts sehnlicher, als daß »für den Uhrmacher endlich die Erlösungsstunde von der Tyrannei der Armbanduhr schlagen würde.«

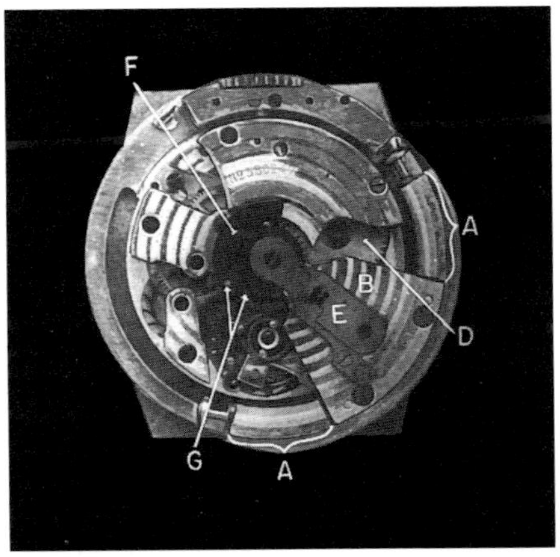

1926 meldete der Kulmbacher Kaufmann Hans Wilsdorf, Gründer der Uhrenmarke »Rolex«, in der Schweiz ein Patent auf ein wasserdichtes Gehäuse mit verschraubter Krone, das sog. »Oyster«-Gehäuse an.

1927 Am 7. Oktober durchschwamm die Stenotypistin Mercedes Gleitze mit einer Rolex Oyster am Arm den Ärmelkanal in 15 Stunden und 15 Minuten. Dabei erlitt die Uhr keinerlei Schaden. Am 24. November verkündete die Titelseite der Londoner Daily Mail, die Wilsdorf für umgerechnet 40.000 Schweizer Franken gekauft hatte, den Erfolg seiner Konstruktion.

1929 wurde mit der Serienfertigung der »Harwood« mit automatischem Aufzug begonnen. Infolge der Weltwirtschaftskrise mußte diese 1931 wieder eingestellt werden.

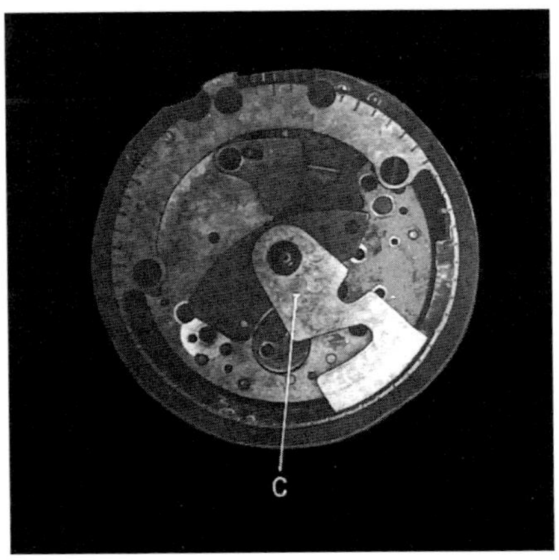

1932 trat die Firma Rolex einmal mehr rühmlich in Erscheinung. Während andere Uhrenfirmen noch mit mehr oder minder unvollkommenen Selbstaufzugssystemen (Rüttelaufzüge und Hammeraufzüge) experimentierten, meldete Hans Wilsdorf die erste Automatik mit einem unbegrenzt drehenden, jedoch nur in einer Richtung aufziehenden Rotor zum Patent an. Dies war die Geburtsstunde der uneingeschränkt funktionstüchtigen Automatik-Armbanduhr.

1942 half der Rohwerke-Fabrikant Felsa dem Manko des einseitigen Rotoraufzugs durch sein System »Bidynator« ab. Mit Hilfe eines Wechselgetriebes konnten erstmals beide Drehrichtungen zum Spannen der Zugfeder verwendet werden.

1946 brachte Audemars Piguet das damals mit Abstand flachste Armbanduhrwerk mit Handaufzug, Kaliber 2003, auf den Markt. Es wird noch heute hergestellt und mißt in der Höhe 1,64 mm.

1948 präsentierte das Haus Eterna den ersten kugelgelagerten Rotor bei einer Uhr mit automatischem Aufzug. Diese Form der Rotorlagerung ist auch heute noch Weltstandard bei guten Armbanduhren mit automatischem Aufzug.

1969 Am 21. Juli setzte der erste Mensch seinen Fuß auf die Oberfläche des Mondes. Am Arm trug er einen Speedmaster-Chronographen mit Handaufzugswerk von Omega.
Im gleichen Jahr konnten nach langen und intensiven Forschungsarbeiten die ersten Armband-Chronographen mit automatischem Aufzug der gespannt wartenden Öffentlichkeit vorgestellt werden. Konkurrenten im Kampf um das Privileg, erster gewesen zu sein, waren auf der einen Seite eine Arbeitsgemeinschaft bestehend aus den Firmen Breitling, Büren, Hamilton und Heuer und auf der anderen Seite die Firma Zenith. Beide erreichten ihr Ziel fast gleichzeitig, doch auf höchst unterschiedliche Weise. Breitling & Co. setzten auf ein Werk in Modulbauweise mit Aufzug durch einen integrierten Mikro-Rotor. Zenith wendete stattdessen klassische Konstruktionsprinzipien mit einem Zentralrotor an.
Just in dieser Zeit tauchten die ersten Quarz-Armbanduhren auf, noch groß und teuer. Aber sie signalisierten auf Anhieb den künftigen Trend. Als einige Jahre später dann digitale Multifunktionsuhren zu Preisen angeboten wurden, für die man gerade eine billige mechanische »Timex« kaufen konnte, war die schwerste Krise in der Geschichte der Schweizer Uhrenindustrie unabwendbar, schien das Aus für die mechanische Armbanduhr vorprogrammiert.

1974 exportierte die Schweiz noch 11.653.514 Werke und Uhren mit automatischem Aufzug – ein nie mehr erreichter Höhepunkt.

1978 stellte der Genfer Konstrukteur Jean Lassale, allen Problemen zum Trotz, die weltweit flachsten mechanischen Uhrwerke vor: ein Handaufzugswerk mit 1,2 mm und ein automatisches Kaliber mit 2,08 mm Höhe. Ein wirtschaftlicher Erfolg war beiden nicht beschieden. Im Gegenteil: Bereits nach kurzer Zeit mußte die ehrgeizige Firma die Herstellung dieser Uhrwerke beenden und den Konkurs anmelden.

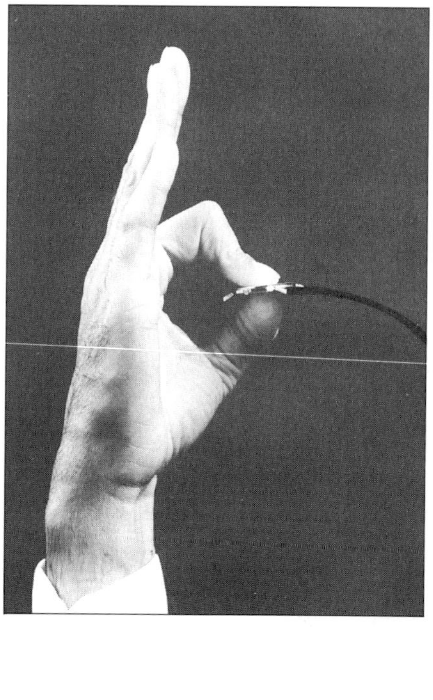

1980 tauchten bei einschlägigen Auktionen erstmals auch Armbanduhren in nennenswerten Mengen auf.

1982 begann sich die klassische Armbanduhr als ernstzunehmendes Sammelgebiet zu etablieren.

1983 wurde die erste Swatch-Kollektion als schweizerische Antwort auf die fernöstliche Herausforderung präsentiert.

1985 setzte im Zuge der wachsenden Leidenschaft für alte mechanische Armbanduhren auch eine Renaissance der mechanischen Armbanduhren aus aktueller Produktion ein.

Die Armbanduhr hatte damit endlich jene umfassende Bedeutung erlangt, die ihr infolge der weiten Verbreitung schon längst zugestanden hätte.

Die Funktion eines mechanischen Uhrwerks

Ein Handaufzugswerk besteht, je nach Konstruktion, aus 80 und mehr Teilen. Es läßt sich prinzipiell in acht wichtige Funktionsgruppen einteilen:

1. das Antriebssystem als energiespendendes Organ,
2. das Übertragungssystem zur Weiterleitung der Energie an
3. das Verteilungssystem, auch Hemmung genannt,
4. das Reguliersystem,
5. das Zeigerwerk,
6. die Organe zur Zeitanzeige,
7. das Zeigerstellsystem,
8. das Aufzugssystem.

Durch die Betätigung der gerippten Aufzugskrone (4) wird über die Aufzugswelle (2) und die Räder und Triebe des Aufzugssystems (12, 20) der Zugfeder (18) Energie zugeführt. Das größere der beiden Aufzugsräder (20) ist mit dem Federkern (21) verbunden, an dem das innere Ende der Zugfeder befestigt ist. Das äußere Ende der Zugfeder steht mit der inneren Wandung des Federhauses in Verbindung. Ein Gesperr (17) sorgt dafür, daß sich die Zugfeder nicht mehr über das Aufzugssystem entspannen kann.

Bedingt durch ihre Elastizität steht die aufgewundene Zugfeder unter dem Zwang, sich ausdehnen zu müssen. Zu diesem Zweck zieht sie das Federhaus solange rotierend nach sich, bis sie energielos an der inneren Wandung der Federhaustrommel anliegt. Die Zähne des Federhauses (19) greifen in den Trieb des zentral angeordneten Minutenrades (28). Der auf dessen nach vorne verlängerten Welle sitzende Minutenzeiger dreht sich einmal pro Stunde um seine Achse.

Das folgende Kleinbodenrad (22) und das Sekundenrad (23) leiten die Energie weiter an das Ankerrad (24). Ihre Übersetzung ist so berechnet, daß sich das Sekundenrad einmal pro Minute um seine Achse dreht. Bei Uhren mit kleiner Sekunde ist auf der nach vorne verlängerten Welle des Sekundenrades der Sekundenzeiger befestigt.

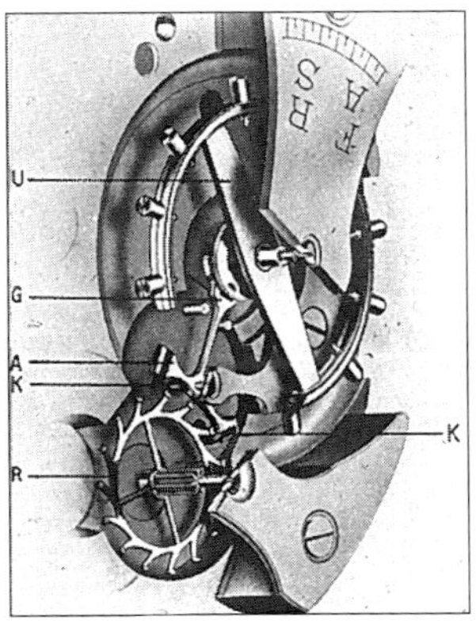

Die Hemmung, bestehend aus Ankerrad (R), Anker mit Paletten (A, K). Ankerstange mit Gabel (G) und den Rollen mit der Ellipse (R, E) sowie das Reguliersystem, bestehend aus der Unruh (U) mit der zugehörigen Spirale, sorgen durch die genau berechnete Übersetzung dafür, daß die Bewegungen des Räderwerks stimmig sind mit unserem Zeitmaß. Dies bedeutet nicht weniger als daß die Dauer einer Sekunde dem 86.400sten Teil eines mittleren Sonnentages oder, nach neuester Definition, 9.192.631.770 Schwingungen in einem Atom des Elements Caesium 133 entsprechen muß.

Mit welcher Präzision eine Uhr sich diesem Sollwert nähert, hängt entscheidend von der Qualität des Schwing- und Hemmungssystems ab.

Bei der Schweizer Ankerhemmung, dem besten in Armbanduhren zu findenden Hemmungssystem, gleiten die Zähne des Ankerrades auf den Schnittflächen der Rubinpaletten des Ankers. Dadurch werden Ankerstange und -gabel hin- und herbewegt.

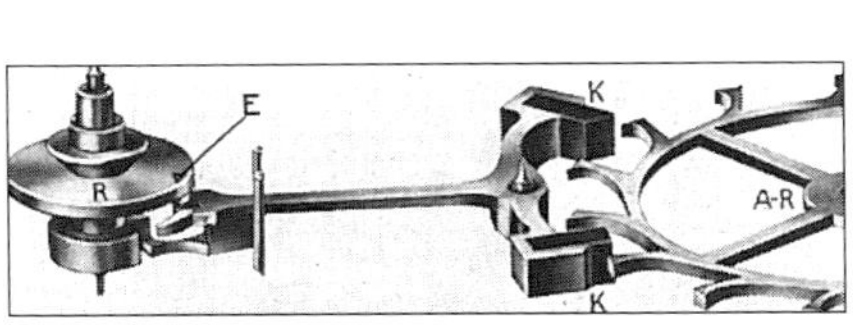

Der Einschnitt in der Ankergabel nimmt die Ellipse der auf die Unruhwelle aufgepressten Rolle mit. Deshalb bewegt sich auch die Unruh mit Schwung in die gleiche Richtung wie die Ankergabel. Nach dem Maximalausschlag der Unruh zieht die Spiralfeder dieselbe in entgegengesetzter Richtung. Die Ellipse gelangt wiederum in den Einschnitt der Ankergabel und erhält einen neuerlichen Impuls in ihrer augenblickli-

chen Bewegungsrichtung. Die dazu erforderliche Energie erhält der Anker wiederum auf dem bereits beschriebenen Weg über das Federhaus und das Räderwerk.
Die Schwingungsdauer der Unruh hängt von deren Trägheit und von der aktiven Länge der Spiralfeder sowie deren Elastizität ab.
Vor allem Temperaturschwankungen, die bekanntlich zu einer Ausdehnung oder einem Zusammenziehen von Metallen führen, können Einfluß auf den Gang einer Uhr nehmen. Um dies zu reduzieren, müssen die thermischen Faktoren kompensiert werden. Näheres dazu ist im Glossar unter den Stichpunkten »Bimetallische Unruh«, »Autokompensierende Spirale«, »Unruh« und »Unruh-Spirale« ausgeführt.
Maßgeblich für die Ganggenauigkeit einer Armbanduhr, die ja in unterschiedlichen Lagen getragen wird, ist ferner ein möglichst exakt ausgewogener (ausgewuchteter) Unruhreif. Bei den sog. Schraubenunruhn erfolgt dies mit Hilfe kleiner Regulierschrauben, mit denen sich das Trägheitmoment verändern läßt. Moderne Ringunruhn werden durch die Anbringung kleiner Bohrungen im Reif ausgewogen. Dies geschieht heute im allgemeinen elektronisch. (Vgl. auch die Erläuterungen zu den Begriffen »Regulierung« und »Tourbillon« im Glossar.)
Idealerweise sollte bei einer Unruh der Schwerpunkt exakt im Zentrum der Unruhwelle liegen. Dies gilt natürlich auch für die Spiralfeder, die mit der Unruhwelle verstiftet ist. Bei feinen Armbanduhren finden sog. Breguet-Spiralen Verwendung. Ihr hochgebogenes äußeres Ende läßt sie konzentrischer wirken. Außerdem reduziert es mögliche Schwerpunktfehler des gesamten Reguliersystems.
Auf einfache Weise läßt sich die Schwingungsdauer der Unruh durch eine Veränderung der aktiven Länge der Spiralfeder korrigieren. Zu diesem Zweck ist ein Rücker auf dem Unruhkloben drehbar befestigt. Wird seine Zeigerspitze gegen A (Avance) oder F (fast) geschoben, verkürzt sich die Spiralfeder und die Uhr geht vor. Die Bewegung in Richtung R (Retard) oder S (slow) führt dagegen zu einem Nachgehen der Uhr.
Damit man von einer Uhr auch die Stunden ablesen kann, wird das Zeigerwerk benötigt. Es reduziert die Umdrehungszahl des Minutenrades i.d.R. auf 1/12. Der auf dem sog. Viertelrohr sitzende Stundenzeiger dreht sich also in zwölf Stunden einmal um seine Achse.
Schließlich dient das Zeigerstellsystem dazu, daß man über die gezogene Krone die Zeiger jederzeit richten kann.
Bei elektrischen oder elektronischen Uhren sind die mechanischen Teile mehr oder minder durch elektrische und/oder elektronische Bauteile ersetzt. Deren Funktionsweise läßt sich schematisch aus den folgenden Abbildungen entnehmen:

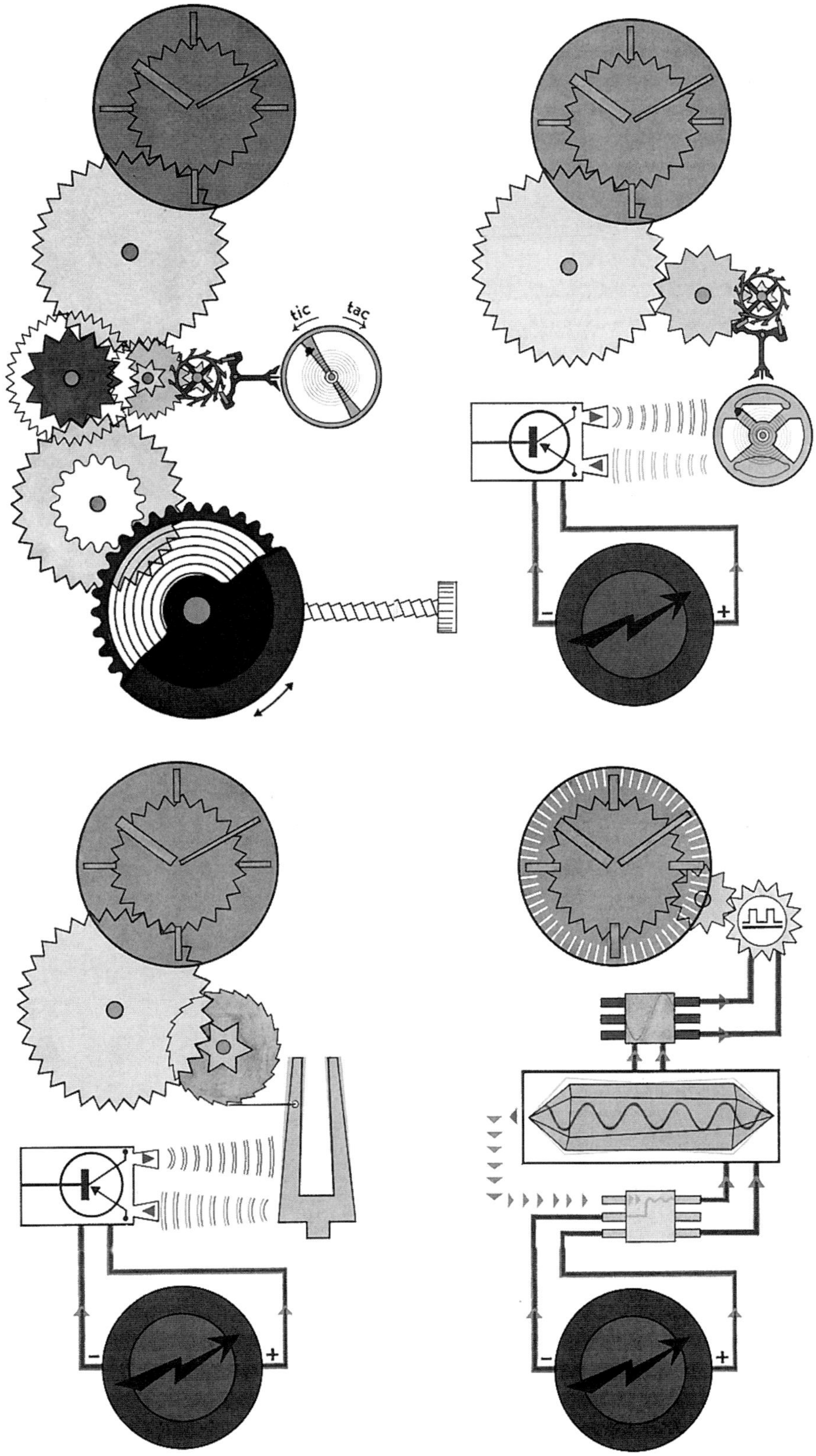

Vier grundsätzliche Uhrentypen:

oben links:
Die Mechanische Uhr
(mit Handaufzug oder automatischem Aufzug)

oben rechts:
Die Elektronikuhr mit Unruh-Spirale

unten links:
Die Elektronikuhr mit Stimmgabel

unten rechts:
Die Elektronische Quarzuhr
(mit Analoganzeige oder Digitalanzeige)

Glossar wichtiger Begriffe aus dem Bereich der Armbanduhren

Acht-Tage-Werk: Uhrwerk besonderer Konstruktion mit einer Gangdauer von einer Woche. Grundsätzlich zu unterscheiden sind Werke mit einem Federhaus von solchen mit zwei in Serie geschalteten Federhäusern.
Armbanduhren mit Acht-Tage-Werken kamen in den 20er- und 30er Jahren in Mode. Besondere Bekanntheit haben die sog. »Hebdomas«-Modelle erlangt. Sie sind deutlich an einem großen Federhaus zu erkennen, welches die Rückseite des Werkes vollkommen überspannt. Vielfach ist die → Unruh durch einen Zifferblattausschnitt sichtbar.

Adjustment → Regulierung

Analoge Zeitanzeige: Zeitanzeige über ein Zeigerpaar, wobei sich aus der Stellung der Zeiger zueinander die jeweilige Zeit ergibt.

Ankerhemmung → Hemmung

Antimagnetisch: Korrekter wäre der Ausdruck amagnetisch. Eine Uhr ist a., wenn sie gegen die negativen Einflüsse magnetischer Felder auf die Ganggenauigkeit wirksam geschützt ist.

Autokompensierende Spirale: Aus Federstahl gefertigte Unruhspiralen haben die Eigenschaft, ihre Elastizität bei Temperaturschwankungen zu verändern. Infolgedessen ändert sich auch der Gang der Uhr. Um dieser physikalisch bedingten Gegebenheit entgegenzuwirken, wurden bis in die vierziger Jahre unseres Jahrhunderts Präzisionsuhren mit einer Bimetall- → Unruh ausgestattet.
Auf der Basis tiefgreifender metallurgischer Forschungen konnte in den dreißiger Jahren eine neuartige Unruhspirale vorgestellt werden. Durch ihre Legierung aus verschiedenen Metallen war sie imstande, Temperaturschwankungen selbst auszugleichen. 1933 gelangten diese autokompensierenden Spiralfedern unter dem Namen »Nivarox« auf den Markt. Wegen ihrer vorzüglichen Eigenschaften erlangten sie eine rasche Verbreitung. Die aufwendigen bimetallischen Unruhn wurden dadurch überflüssig.

Automatischer Aufzug: Der automatische Aufzug bei mechanischen Uhren geht auf das Jahr 1770 und den Uhrmacher Abraham Louis Perrelet zurück. Um dem häufigen Verlust der kleinen Schlüssel vorzubeugen, die zum Aufziehen und Zeigerstellen dienten, ersann Perrelet sowohl eine Pendelschwungmasse als auch einen unbegrenzt drehenden Rotor. Deren kinetische Energie wurde mit Hilfe eines speziellen Reduktionsgetriebes zum Spannen der Zugfeder verwendet. Weil die Taschenuhren in der Westen-, Hosen- oder Jackentasche jedoch zu wenig Bewegung erfuhren, konnten die Selbstaufzugssysteme nicht effektiv genug arbeiten und deswegen keine hinreichende Verbreitung erlangen.
Erst die Armbanduhren, welche an einer der bewegtesten Stelle des Körpers getragen werden, waren geeignet, dem automatischen Aufzug zum endgültigen Durchbruch zu verhelfen. Das früheste bislang bekannte Modell, hergestellt vom Pariser Uhrmacher Léon Leroy, kam 1922 in einer sehr geringen Stückzahl auf den Markt. Die erste serienmäßig hergestellte Armbanduhr mit automatischem Aufzug geht auf den Engländer John Harwood zurück. Ihre Konstruktion wurde 1923 zum

Die ersten Uhren mit Selbstaufzug

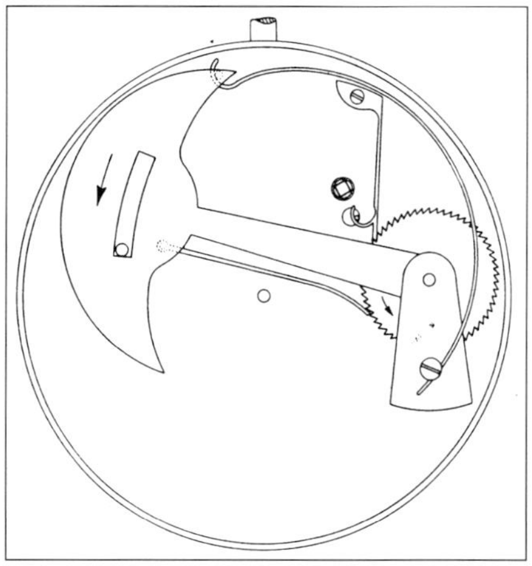

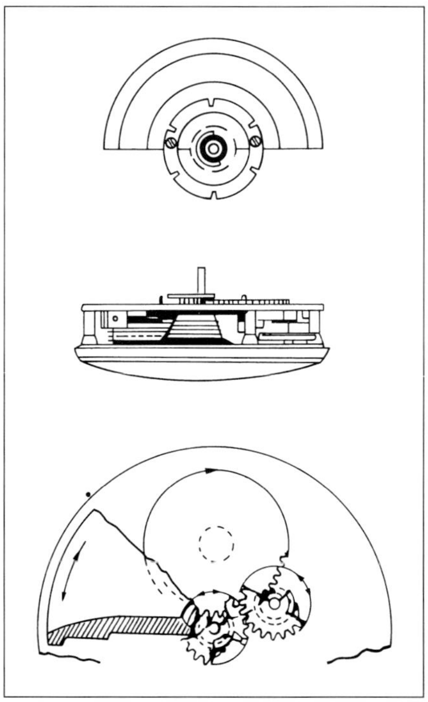

Patent angemeldet. Mit der Herstellung wurde 1929 in der Schweiz begonnen.
Im Jahre 1931 brachte Rolex die erste Armbanduhr mit einem Rotor-Aufzugssystem auf den Markt; die Zugfeder wurde allerdings nur in einer Drehrichtung gespannt.
1942 wurde vom Rohwerkehersteller Felsa ein erstes Wechselgetriebe zur Gleichrichtung der Rotorenergie vorgestellt. Damit erfolgte der Aufzug in beiden Drehrichtungen.
Mit der Erfindung des kugelgelagerten Rotors durch Eterna im Jahre 1948 waren alle Voraussetzungen für zukunftsweisende Selbstaufzugssysteme geschaffen.

Baguettewerk: Uhrwerk mit einer länglich-rechteckigen Form. Per definitionem soll die Länge mindestens den dreifachen Wert der Breite besitzen. Baguettewerke kamen speziell bei Armbanduhren in den zwanziger und dreißiger Jahren groß in Mode. Das kleinste jemals hergestellte B., das zugleich auch das kleinste mechanische Uhrwerk der Welt ist, stammt von LeCoultre. Es wurde 1929 lanciert und ist auch heute noch erhältlich. Die Maße betragen 14 mm x 4,85 mm. Es besteht aus 74 Teilen und wiegt einschließlich Zifferblatt rund ein Gramm.

Blinden-Armbanduhr: Armbanduhr mit einem besonders robusten → Zeigerwerk, bei der sich das Glas samt Glasrand zum Zwecke des Abtastens der Uhrzeit hochklappen lassen.

Brücke: Speziell ausgeformtes Metallteil, in dem sich mindestens ein Zapfen eines Drehteils einer Uhr bewegt. Eine Brücke ist an beiden Enden mit der → Platine verschraubt, in der sich das (die) Gegenlager befindet(n). Im Gegensatz dazu sind Kloben nur an einem Ende verschraubt, während das andere frei schwebt. Die Brücken und Kloben erhalten ihren Namen normalerweise nach demjenigen Drehteil, welchem sie ein Lager sind, z.B. Minutenradbrücke, Federhausbrücke, Unruhkloben, Ankerradkloben ....

Spezialteile für Chronografen und Stoppuhren

Chronograph: Zusatzfunktion, die es gestattet, einen Sekundenzeiger unabhängig vom eigentlichen Uhrwerk zu starten, zu stoppen und wieder in seine Ausgangsposition zurückzustellen. Die Zeitanzeige wird dadurch nicht beeinträchtigt. Je nach Konstruktion besitzen moderne Armband-Chronographen noch zusätzliche Zählzeiger für die seit Beginn der Stoppung abgelaufenen vollen Minuten und Stunden.
Um 1910 wurden die ersten Armbanduhren mit Chronograph vorgestellt. Armband-Chronographen mit automatischem Aufzug kamen erstmals 1969 auf den Markt.
Technisch sind die aufwendigeren Konstruktionen, bei denen ein sogenanntes Schaltrad zur Steuerung der Chronographen-Funktionen dient, von den einfacheren zu unterscheiden, die zu Steuerzwecken auf eine Kulissenschaltung zurückgreifen.

Chronograph-Rattrapante → Schleppzeiger

Chronometer → Regulierung

Datumsanzeige: Indikation des Datums entweder analog durch einen Zeiger oder digital durch eine Scheibe. Zeiger oder Scheibe drehen sich innerhalb von 31 Tagen einmal um ihre Achse. Sie werden täglich gegen Mitternacht über das → Zeigerwerk um eine Position weitergeschaltet. Bei der D. mittels Zeiger sind die Zahlen von 1 bis 31 auf das Zifferblatt gedruckt. Die Spitze des Zeigers zeigt jeweils auf das aktuelle Datum. Armbanduhren mit D. durch Zeiger gibt es seit

etwa 1915. Sie wurden ab Mitte der 30er Jahre sukzessive abgelöst durch Armbanduhren mit digitaler D. durch einen Ausschnitt im Zifferblatt. Diese haben den großen Vorteil der leichteren Ablesbarkeit.
Allen D. in mechanischen Uhren ist gemeinsam, daß sie in Monaten mit weniger als 31 Tagen von Hand korrigiert werden müssen (vgl. → Ewiger Kalender). Dies geschieht bei vielen Armbanduhren über die Krone und das Zeigerwerk, d.h. die Zeiger sind solange vorwärts zu drehen, bis das Datum wieder stimmt. Bei moderneren Konstruktionen sind Schnellkorrektur-Einrichtungen vorhanden. Dabei müssen entweder die Zeiger solange zwischen etwa 20 Uhr und Mitternacht hin- und herbewegt werden, bis die Datumsanzeige wieder korrekt ist, oder aber man kann das Datum direkt über die Aufzugskrone richten. Zu diesem Zweck ist eine mittlere Position vorhanden, in die man die Krone ziehen kann. Bei wenigen Armbanduhr-Modellen befindet sich im Gehäuserand ein spezieller Korrekturdrücker.

Deckstein: Plättchen heute zumeist aus synthetischem Rubin, welches über einem → Lochstein befestigt ist, um das Höhenspiel der darin gelagerten Welle zu begrenzen. In Armbanduhren werden die Lager für die Unruhwelle i.d.R. mit Decksteinen versehen.

Digitale Zeitanzeige: Die Zeit wird in Ziffern dargestellt. Mechanische Armbanduhren mit d.Z. kamen Mitte der 20er Jahre auf den Markt. Sie besaßen nur kleine Ausschnitte in einem rundherum geschlossenen Ganzmetall-Gehäuse und waren als Alternative zu den »offenen« Uhren mit den damals üblichen extrem bruchgefährdeten Kristallgläsern gedacht. Mit Einführung der Kunststoffgläser verschwanden die mechanischen Armbanduhren mit d.Z. zunächst wieder vom Markt. In den sechziger Jahren wurden sie nochmals für kurze Zeit angeboten, konnten sich jedoch wegen der schlecht ablesbaren Zeit nicht durchsetzen. Erst mit den elektronischen Quarz-Armbanduhren wurde auch die digitale Zeitanzeige wieder aktuell. Ab etwa 1975 geschah dies zunächst mit Lichtemisionsdioden (LED), die wegen des hohen Stromverbrauchs schon bald abgelöst wurden durch die Flüssigkristallanzeigen (LCD).

Duo-Dial-Modelle: Uhren mit geteilten Zifferblättern. Zumeist werden in der oberen Hälfte die Stunden und Minuten, in der unteren dagegen die Sekunden angezeigt. Berühmteste Vertreter dieser Gattung sind die ab Anfang der dreißiger Jahre hergestellten Rolex-»Prince«-Modelle.

Edelstahl: Legierung aus Stahl, Nickel und Chrom. Dieses Material ist rostfrei, widerstandsfähig und antimagnetisch, jedoch schwer zu bearbeiten.

Elektrische Armbanduhren: Armbanduhren, bei denen die Unruh nicht durch ein Federwerk in Gang gehalten sondern elektrisch angetrieben wird. Im Uhrwerk werden im Gegensatz zu → Elektronischen Armbanduhren nur konventionelle Bauelemente wie z.B. Spulen, Kontakte, Kondensatoren oder Widerstände verwendet. Die Unruh ist bei e. A. mit einem Kontakt versehen. Dieser schließt und öffnet den Stromkreis für eine kleine Magnetspule. Deren Magnetfeld verschafft der Unruh durch Impulse die erforderliche Bewegungsenergie. Außer der Tatsache, daß durch die Batterie das Aufziehen wegfällt, besitzen e. A. gegenüber mechanischen Armbanduhren keine wesentlichen Vorteile. Nachdem es sich auch um sog. Unruhschwinger (→ Unruh) handelt, bewegt sich die Ganggenauigkeit im Rahmen der mechanischen Uhren.

Elektrische Armbanduhren kamen im Jahre 1952 erstmals auf den Markt. Bedeutende Hersteller waren Lip (Frankreich), Hamilton (USA), Epperlein (Deutschland) und Landeron (Schweiz).

Elektronische Armbanduhren: In den Werken elektronischer Armbanduhren kommen neben den konventionellen elektrischen Bauelementen auch Halbleiterelemente wie Transistoren, Dioden und Integrierte Schaltungen zum Einsatz. Im Bereich der elektronischen Armbanduhren gibt es transistorgesteuerte Unruhschwinger (z.B. Junghans »Datochron«), Stimmgabeluhren (z.B. Bulova »Accutron«) sowie die Quarzuhren.

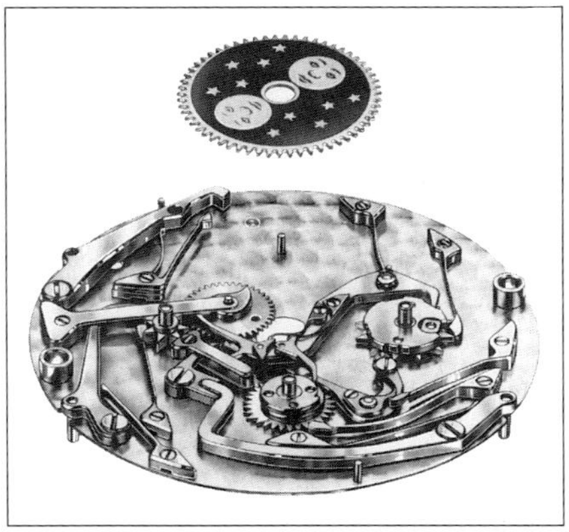

Ewiger Kalender: Kalendarium, bei dem die unterschiedlichen Monatslängen in Normal- und Schaltjahren automatisch berücksichtigt werden. Bei Armbanduhren mit e.K. werden in der Regel Datum, Tag und Monat angezeigt. Verschiedene Modelle besitzen darüber hinaus eine Schaltjahresindikation.
Die Ewigkeit bei den bislang hergestellten Armbanduhren mit e.K. dauert indessen nur bis zum 28. Februar 2100. Weil in diesem Jahr der 29. Februar infolge der Besonderheit des → Gregorianischen Kalenders ausfällt, obwohl nach dem Rhythmus ein Schaltjahr angesagt wäre, müssen auch ewige Kalendarien manuell auf den 1. März weitergeschaltet werden.
Der ewige Kalender erfordert ein komplexes Zusatzwerk, das zumeist auf einer eigenen Platine montiert und unter dem Zifferblatt angeordnet ist.

Feinregulierung: Vorrichtung zur möglichst exakten Betätigung des Rückers.

Formwerke: Nicht runde sondern ovale, spitzovale, tonnenförmige, rechteckige oder sonstwie geformte Uhrwerke. Formwerke fanden zu Beginn des Jahrhunderts eine immer größere Verbreitung, um den spärlichen Platz in Armbanduhrgehäusen optimal ausnützen zu können. → Baguettewerk

Flieger-Armbanduhren: Armbanduhren, die speziell für Piloten der zivilen oder militärischen Luftfahrt konstruiert und designed wurden. Besonders auffällig ist das schwarze oder dunkelgraue Zifferblatt mit großen Leuchtziffern und markanten Leuchtzeigern. Zu den bedeutendsten Vertretern dieser Gattung gehören u.a. die »Mark XI« von IWC, die »B-Armbanduhr« von A. Lange & Söhne (Kaliber 48.1, Gehäuse-Durchmesser 55 mm, über der Montur zu tragen) oder die entsprechenden Modelle von IWC, Laco und Stowa.

Gangreserve: Verbleibende Laufzeit eines mechanischen Uhrwerkes nach dem vollständigen Aufzug.

Gangreserveanzeige: Indikation der verbleibenden → Gangreserve. Gangreserveanzeigen wurden bei Armbanduhren in den fünfziger Jahren populär, um die Funktionsfähigkeit des → Automatischen Aufzugs unter Beweis zu stellen. Bei Armbanduhren mit → Handaufzug sind G. äußerst selten.

Genfer Siegel: Qualitätssiegel mit dem Genfer Stadtwappen, mit dem nach einem Reglement aus dem Jahre 1886 solche Uhren versehen werden dürfen, »bei denen durch die (offizielle) Prüfung festgestellt wurde, daß sie alle Eigenschaften von Qualitätsarbeit besitzen, die einen regelmäßigen und dauerhaften Gang gewährleisten, und an denen ein Minimum an von der Prüfungskommission festgelegten Arbeiten von Handwerkern gemacht worden ist, die im Kanton Genf wohnen.«
Dieses Reglement wurde 1957 noch erheblich verschärft durch die Formulierung von elf Qualitätsforderungen, welche Uhren erfüllen müssen, die mit dem G. S. gekennzeichnet werden sollen.

Genfer Streifen: Häufig verwendete rippenförmige Dekoration auf den → Brücken und Kloben feiner Uhren. Sie werden vor der galvanischen Veredelung aufgebracht, bleiben aber dennoch erkennbar. (→ Schliff)

Gläser: Für Armbanduhren gibt es vier verschiedene Sorten von Gläsern: Die Kristallgläser kommen hauptsächlich bei frühen Armbanduhren vor. Sie sind zwar weitgehend kratzfest, dafür jedoch sehr bruchempfindlich. Zu Beginn der vierziger Jahre wurden die Kristallgläser mehr und mehr durch Kunststoffgläser (Plexiglas) abgelöst. Diese wiederum sind zwar unzerbrechlich, verkratzen dagegen relativ leicht. Mineralgläser besitzen eine Härte von 5 Mohs und sind daher wesentlich kratz-fester als Kunststoffgläser. In guten modernen Uhren wird zumeist Safirglas verwendet. Bei einer Härte von 9 Mohs ist es extrem kratz- und bruchfest und nur mit speziellen Diamantwerkzeugen zu bearbeiten.

Gregorianischer Kalender: Am 15. Oktober 1582 trat eine von Papst Gregor XIII. nach langen Vorarbeiten verfügte Kalenderreform in Kraft. Sie beseitigte den winzigen Restfehler des 45 v. Chr. eingeführten Julianischen Kalenders. Nach diesem war das Jahr um 0,0078 Tage zu lang. Deshalb hatte Papst Gregor XIII. nach Möglichkeiten gesucht, diese überschüssige Zeit zu eliminieren. Seine Lösung des Problems bestand darin, daß innerhalb von vierhundert Jahren drei Schalttage auszufallen haben. Von den kommenden Säkularjahren (Jahre des vollen Jahrhunderts) sollten fortan nur diejenigen Schaltjahre sein, die sich durch 400 teilen ließen. Demnach ist das Jahr 2000 ein Schaltjahr, während die Jahre 2100, 2200 und 2300 den Schalttag entbehren müssen. Zur Kompensation des immer noch verbleibenden Restfehlers muß der Schalttag alle 4000 Jahre ein weiteres Mal ausfallen.

Hammerautomatik: Armbanduhren bei denen der → Automatische Aufzug durch eine Pendelschwungmasse erfolgt. Deren Bewegung wird beidseitig durch Pufferfedern begrenzt.

Handaufzugsuhr: Zeitmesser, bei dem die Zugfeder täglich von Hand über die Krone gespannt werden muß.

Hemmung: Bezeichnung für den Mechanismus, der die Kraft von der Zugfeder über das Räderwerk auf das Schwingsystem (→ Unruh, → Unruhspirale) einer Uhr überträgt. Durch die Hemmung, bestehend aus dem Ankerrad mit zugehörigem Trieb, dem Anker mit den beiden Paletten, der Ankerstange mit Ankergabel, den Sicherheitsstiften sowie der großen H. mit Ellipse und der kleinen Rolle. Die beiden Rollen sind auf der Unruhwelle befestigt und bewegen sich im Rhythmus der Unruh hin und her.

In hochwertigen Armbanduhren wird heute fast ausnahmslos die Schweizer Ankerhemmung verwendet. Der Name resultiert aus der spezifischen, in der Schweiz entwickelten Form des Ankers und der Geometrie dieses Hemmungssystems. Der Antrieb verteilt sich bei der Schweizer Ankerhemmung auf die Paletten und die Hebeflächen der Zähne des Ankerrades. (→ Stiftankerhemmung, → Zylinderhemmung).

Die H. einer mechanischen Armbanduhr führt Schwerstarbeit aus: Bei einer Schlagzahl der → Unruh von 28.800 Halbschwingungen/Stunde läßt sie das Räderwerk innerhalb von 24 Stunden 691.200 mal vorrücken. Im Laufe von vier Jahren ergibt dies mehr als eine Milliarde Kraftstöße, die durch die Hemmung weitergeleitet werden. Dies entspricht ungefähr der sechsfachen Leistung eines menschlichen Herzens.

Heures Sautantes: Springende digitale Stundenanzeige. Armbanduhren mit H.S. kamen in der Mitte der 20er Jahre auf den Markt. Anstelle des Stundenzeigers gibt es bei diesen Uhren unter dem Zifferblatt eine Scheibe mit den Ziffern 1 bis 12. Durch ein Fenster im Zifferblatt wird jeweils sechzig Minuten lang die aktuelle Stunde Digital angezeigt. Sobald der Minutenzeiger die »12« erreicht hat, springt die Scheibe ruckartig auf die nächste Ziffer und somit eine Stunde weiter.

Kadratur: Begriff für das zusätzliche Schaltwerk bei komplizierten Uhren, z.B. den Mechanismus für ein Repetitionsschlagwerk oder ein Kalendarium.

Kaliber: Bezeichnung der unterschiedlichen Werktypen der Uhrenfabrikanten. Die Kaliberangabe ermöglicht die exakte Identifikation eines bestimmten Uhrwerks, z.B. bei der Bestellung von Ersatzteilen.

Karat: Maßangabe z.B. des Goldgehalts. Feingold, fast 100% reines Gold, besitzt 24 Kt. Das Gehäuse z.B. einer 18karätigen Armbanduhr besteht aus 750/1000 Feingold sowie aus sonstigen Legierungsmetallen (Kupfer, Messing, Silber ...). 14karätiges Gold hat einen Feingehalt von 585/1000 und 8karätiges Gold von 333/1000, der Rest sind jeweils Legierungsmetalle. Der Feingehalt wird bei jedem Gehäuse in Form einer → Punze vermerkt.

Kloben → Brücke

Komplikation: Zusatzmechanismus bei einer Uhr. Zu den wichtigsten K. bei mechanischen Uhren zählen u.a. → Automatische Aufzugssysteme, → Chronographen, → Ewige Kalender, → Repetitionsschlagwerke und → Wecker.

Krone: Knopf zum Aufziehen einer Uhr, zum Zeigerstellen und/oder Korrigieren von Datumsanzeigen.

Linie: Traditionelle Maßeinheit für die Größe von Uhrwerken. Sie ist abgeleitet vom »Pied du Roi«, dem französischen Fuß. Eine Linie (‟ ‘) entspricht 2,2558 mm.

Lochstein: Zylindrischer, im Zentrum durchbohrter synthetischer Stein, heute meist Rubin. Lochsteine werden zur Verminderung der Reibung und damit der Abnützung in die entsprechenden Bohrungen der → Platine, → Brücken und Kloben eingepreßt. In ihnen bewegen sich die schnelldrehenden Zapfen des Räderwerks.
Bei sehr feinen Uhren sind die Bohrungen in den L. oliviert, d.h. die inneren Wandungen sind sanft gerundet. Damit werden die Reibungsflächen verkleinert.
Früher wurden die L. bei feinen Uhren in Chatons gefaßt und mit der Platine, den Brücken und Kloben verschraubt. Diese aufwendige Form der Befestigung von L. wird heute aus Kostengründen nicht mehr angewandt.

Lunette: In der Uhrmacherei ein vielschichtiger Begriff. Streng genommen versteht man darunter den Glasreif eines Gehäuses. Dieser Glasreif wird mit dem eingepreßten Glas auf das Mittelteil des Gehäuses aufgesprengt. Vielfach werden heute auch Drehringe, die auf der Vorderseite von Uhrengehäusen zum Einstellen verschiedener Anzeigen angebracht sind, als Lunetten bezeichnet.

Manufaktur: Uhrenfabrik, die mindestens ein → Kaliber komplett her- und fertigstellt, d.h. das → Rohwerk selbst produziert und dieses anschließend in einen funktionsfähigen Zustand versetzt.

Mechanische Räderuhren: Uhren, die über eine → Zugfeder angetrieben werden. Die Regulierung des Ganges erfolgt z.B. durch eine Unruh mit Spiralfeder oder durch ein Pendel.

Mondaltersanzeige: Indikation zum Ablesen der Anzahl von Tagen, die seit dem letzten Neumond vergangen ist. Im synodischen Monat beträgt eine Lunation, also das Zeitintervall von Neumond zu Neumond (→ Mondphasen), exakt 29 Tage, 12 Stunden und 44 Minuten. Eine derartige Anzeige besteht zumeist aus einer am Rand mit 59 Zähnen versehenen Scheibe, auf deren Oberfläche sich gegenüberliegend zwei Vollmonde befinden. Angetrieben durch das Uhrwerk bewegt sie sich innerhalb von zwei Lunationen einmal um ihre Achse. Die aktuelle Stellung ist durch einen Ausschnitt im Zifferblatt ablesbar. Mitunter ist dieser Ausschnitt durch eine in 29 1/2 Tage graduierte Skala ergänzt. Je nach Konstruktion können bei Uhren mit M. jährliche Mißweisungen von einer Minute bis hin zu ca. acht Stunden auftreten.

Mondphasen: Der Mond durchläuft seine, von der Stellung Sonne – Mond – Erde abhängigen Mondphasen (Neumond – erstes Viertel – Vollmond – letztes Viertel – Neumond) innerhalb einer Lunation von etwa 29,5 Tagen. (→ Mondaltersanzeige)

Platine: Auch Werkplatte genannt. Metallplatte, welche die → Brücken, → Kloben und die sonstigen Bestandteile eines Uhrwerks trägt. Auf der vorderen Seite befindet sich in aller Regel das → Zeigerwerk. Auf der hinteren sind die Brücken und Kloben befestigt.
In der P. befinden sich neben den Gewindebohrungen für die Schrauben auch Bohrungen für die Lager des Räderwerks.

Präzision: Eine mechanische Uhr, die pro Tag (86.400 Sekunden) eine Gangabweichung von 30 Sekunden aufweist, besitzt eine rechnerische Fehlerquote von 0,035%. Ihr Genauigkeitsgrad liegt also bei 99,965%. Damit übertrifft sie die meisten mechanischen Maschinen bei weitem (→ Regelung).

Pulsmesserskala: Skalierung, die häufig bei → Chronographen und auch normalen Armbanduhren für Ärzte und Krankenschwestern zu finden ist. P. gibt es in unterschiedlichen Graduierungen für 30, 20 oder 15 Pulsschläge. Die Eichung ist jedoch stets auf dem Zifferblatt vermerkt.
Um die Pulsfrequenz z.B. eines Patienten zu messen, wird der Chronograph zunächst gestartet. Wenn die der Eichung entsprechende Zahl an Pulsschlägen erreicht ist, stoppt man den Chronographen und kann an der Skala unmittelbar die Pulsfrequenz pro Minute ablesen.

Punzen: Stempel in Uhrengehäusen, die Auskunft geben z.B. über den Feingehalt des verwendeten Edelmetalls (→ Karat), über Herkunftsland und teilweise Herkunftsort, über das Herstellungsjahr sowie über den Gehäusemacher. Hinzu kommen häufig das Markenzeichen der betreffenden Uhrenfirma, eine Referenz- und eine Seriennummer. (→ Zusammenstellung wichtiger Punzen rechts und auf der folgenden Seite.)

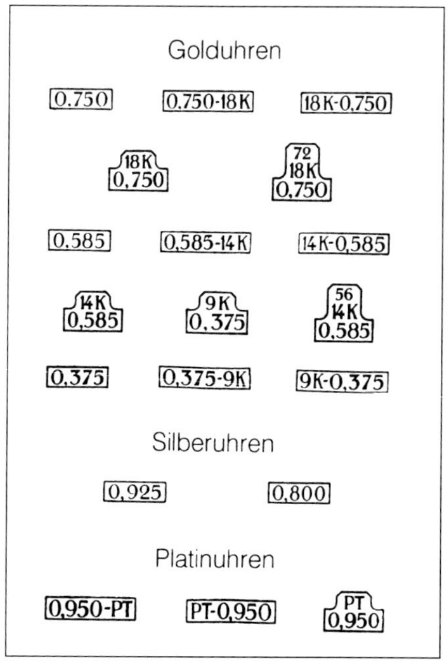

rechts: Feingehaltspunzen in Gold-, Silber- und Platingehäusen.
rechte Seite links oben: Uhrengehäuse aus schweizerischer Fertigung.
rechte Seite links unten: Punzen aus Frankreich.
rechte Seite rechts oben: Punzen aus Frankreich.
rechte Seite Mitte rechts: Importgehäuse der Schweiz.
rechte Seite rechts unten: Gold- und Silberpunzen aus Deutschland.

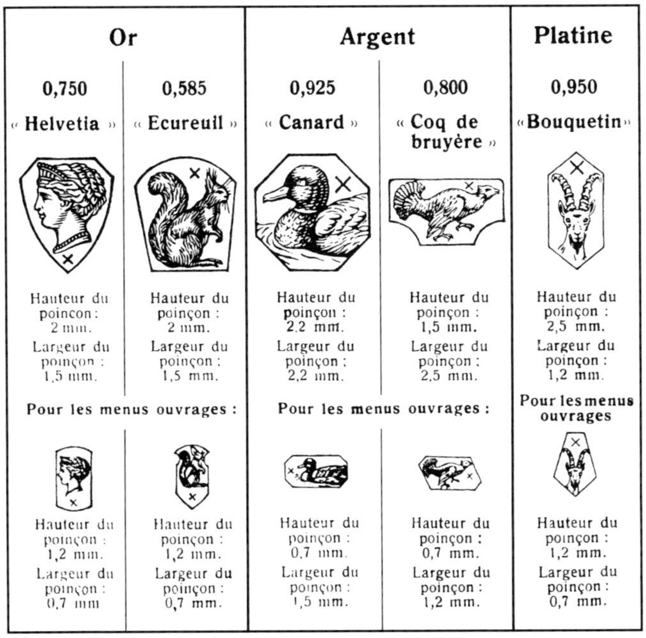
Or
Argent
Platine
0,750
0,585
0,925
0,800
0,950
« Helvetia »
« Ecureuil »
« Canard »
« Coq de bruyère »
« Bouquetin »
Hauteur du poinçon : 2 mm. Largeur du poinçon : 1,5 mm.
Hauteur du poinçon : 2 mm. Largeur du poinçon : 1,5 mm.
Hauteur du poinçon : 2,2 mm. Largeur du poinçon : 2,2 mm.
Hauteur du poinçon : 1,5 mm. Largeur du poinçon : 2,5 mm.
Hauteur du poinçon : 2,5 mm. Largeur du poinçon : 1,2 mm.
Pour les menus ouvrages :
Pour les menus ouvrages :
Pour les menus ouvrages
Hauteur du poinçon : 1,2 mm. Largeur du poinçon : 0,7 mm
Hauteur du poinçon : 1,2 mm. Largeur du poinçon : 0,7 mm.
Hauteur du poinçon : 0,7 mm. Largeur du poinçon : 1,5 mm.
Hauteur du poinçon : 0,7 mm. Largeur du poinçon : 1,2 mm.
Hauteur du poinçon : 1,2 mm. Largeur du poinçon : 0,7 mm.

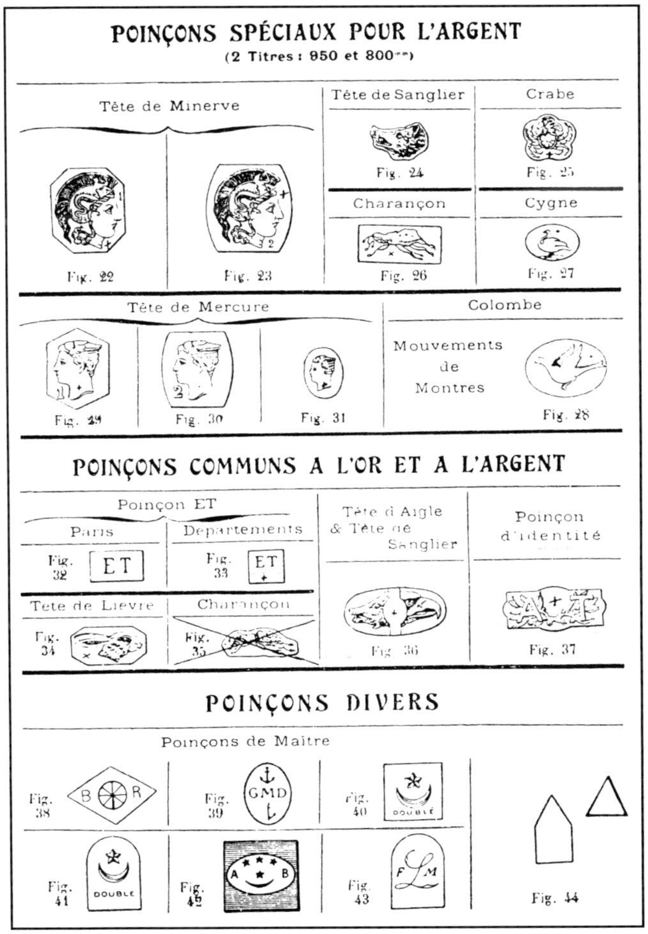
POINÇONS SPÉCIAUX POUR L'ARGENT
(2 Titres : 950 et 800‰)
Tête de Minerve
Tête de Sanglier
Crabe
Fig. 24
Fig. 25
Charançon
Cygne
Fig. 22
Fig. 23
Fig. 26
Fig. 27
Tête de Mercure
Colombe
Mouvements de Montres
Fig. 29
Fig. 30
Fig. 31
Fig. 28
POINÇONS COMMUNS A L'OR ET A L'ARGENT
Poinçon ET
Paris
Departements
Tête d'Aigle & Tête de Sanglier
Poinçon d'identité
Fig. 32
ET
Fig. 33
ET
Tete de Lievre
Charançon
Fig. 34
Fig. 35
Fig. 36
Fig. 37
POINÇONS DIVERS
Poinçons de Maître
Fig. 38
B R
Fig. 39
GMD
Fig. 40
DOUBLE
Fig. 41
DOUBLE
Fig. 42
A B
Fig. 43
F M
Fig. 44

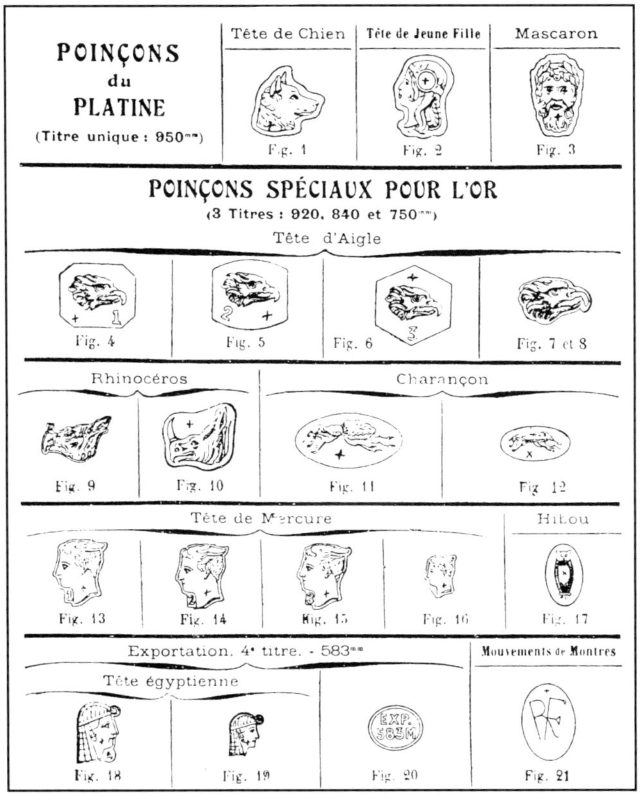
POINÇONS du PLATINE
(Titre unique : 950‰)
Tête de Chien
Tête de Jeune Fille
Mascaron
Fig. 1
Fig. 2
Fig. 3
POINÇONS SPÉCIAUX POUR L'OR
(3 Titres : 920, 840 et 750‰)
Tête d'Aigle
Fig. 4
Fig. 5
Fig. 6
Fig. 7 et 8
Rhinocéros
Charançon
Fig. 9
Fig. 10
Fig. 11
Fig. 12
Tête de Mercure
Hibou
Fig. 13
Fig. 14
Fig. 15
Fig. 16
Fig. 17
Exportation. 4e titre. - 583‰
Mouvements de Montres
Tête égyptienne
EXP. 583M.
Fig. 18
Fig. 19
Fig. 20
Fig. 21

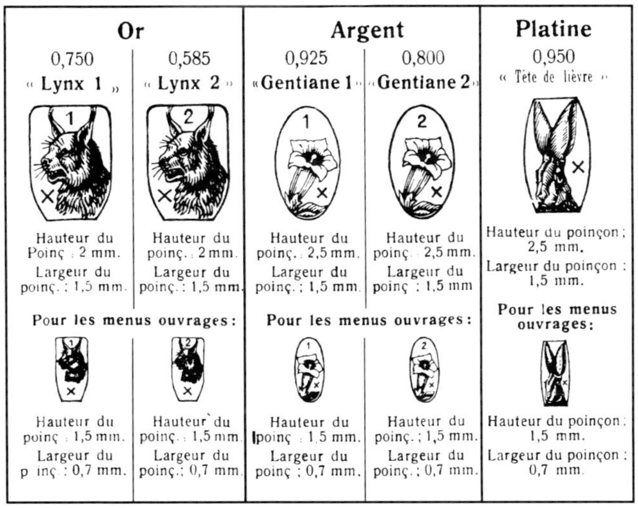
Or
Argent
Platine
0,750
0,585
0,925
0,800
0,950
« Lynx 1 »
« Lynx 2 »
« Gentiane 1 »
« Gentiane 2 »
« Tête de lièvre »
Hauteur du Poinç. : 2 mm. Largeur du poinç. : 1,5 mm.
Hauteur du poinç. : 2 mm. Largeur du poinç. : 1,5 mm.
Hauteur du poinç. : 2,5 mm. Largeur du poinç. : 1,5 mm.
Hauteur du poinç. : 2,5 mm. Largeur du poinç. : 1,5 mm
Hauteur du poinçon : 2,5 mm. Largeur du poinçon : 1,5 mm.
Pour les menus ouvrages :
Pour les menus ouvrages :
Pour les menus ouvrages :
Hauteur du poinç. : 1,5 mm. Largeur du poinç. : 0,7 mm.
Hauteur du poinç. : 1,5 mm. Largeur du poinç. : 0,7 mm
Hauteur du poinç. : 1,5 mm. Largeur du poinç. : 0,7 mm.
Hauteur du poinç. : 1,5 mm. Largeur du poinç. : 0,7 mm.
Hauteur du poinçon : 1,5 mm. Largeur du poinçon : 0,7 mm.

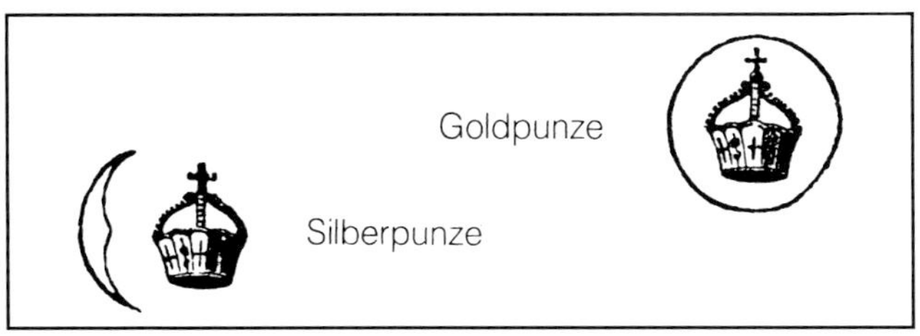
Goldpunze
Silberpunze

Quarz-Armbanduhren: → Elektronische Armbanduhren, bei denen ein Schwingquarz als Regulierorgan dient. Als Standard-Frequenz bei modernen Quarzwerken haben sich heute 32.768 Hz eingebürgert, während Quarzwerke aus der Zeit um 1970 zumeist noch Frequenzen unter 10.000 Hz aufwiesen (z.B. das schweizerische Kaliber Beta 21, welches 1969 Serienreife erlangte, besaß eine Quarz-Frequenz von 8.192 Hz. Moderne Q. weisen i.d.R. eine Ganggenauigkeit von +/- 1 Minute/Jahr auf.
Grundsätzlich unterscheidet man heute Q. mit → Analoger und → Digitaler Zeitanzeige.

Räderwerk: Bei einer normalen Handaufzugsuhr besteht das R. aus insgesamt fünf Rad-Trieb-Paaren: Die Verzahnung des Federhauses greift in den Minutenradtrieb. Auf der gleichen Welle befindet sich das Minutenrad, dessen Zähne in Verbindung stehen mit dem Trieb des Kleinbodenrades (Zwischenrad). Das Kleinbodenrad ist mit dem Trieb des Sekundenrades verzahnt; und das Sekundenrad selbst greift in den Trieb des Ankerrades. Über das Ankerrad, und das weitere → Hemmungssystem gelangt die Kraft zur → Unruh, die dadurch in Bewegung gehalten wird.

Regulierung: Die R. eines Uhrwerks besteht darin, seinen täglichen Gang in verschiedenen Lagen und Temperaturen zu beobachten und ggf. zu optimieren. Je nach Qualität und gewünschtem Genauigkeitsgrad werden verschiedene Arten von R. unterschieden: Bei der gewöhnlichen R. einer guten Armbanduhr wird eine Überprüfung in zwei Lagen (Zifferblatt oben und Krone oben) vorgenommen. Die Gangabweichungen zwischen diesen Lagen betragen i.d.R. maximal 30 Sekunden täglich. Bei einer Präzisionsregulierung nach amtlichen Vorgaben werden Uhrwerke mindestens in fünf Lagen und bei Temperaturen von 4, 20 und 36°C feingestellt. Wird die Überprüfung durch eine offiziell zugelassene Institution vorgenommen und erreicht ein Werk vorgegebene Mindestwerte, darf es die Bezeichnung »offiziell geprüfter Chronometer« tragen.
Voraussetzung für eine optimale R. ist in jedem Fall eine exakt ausgewuchtete → Unruh. Andernfalls treten bei Lageänderungen zwangsläufig Schwerpunktfehler auf.
Die Kunst der R. besteht bei mechanischen Uhren im Prinzip darin, die Frequenz des Gangreglers (→ Unruh und → Unruhspiralfeder) trotz äußerer Einflüsse (Temperaturschwankungen, Lageveränderungen) möglichst konstant zu halten. Abweichungen von der konstruktiv vorgegebenen Norm führen zu einem fehlerhaften Gang.

Repetitionsschlagwerk: Aufwendige Zusatzfunktion eines Uhrwerks, die es gestattet, die aktuelle Zeit mehr oder minder genau akustisch wiederzugeben. Je nach Ausführung des Schlagwerkes unterscheidet man zwischen Uhren mit Viertelstunden-, Achtelstunden- (7 1/2 Minuten), 5-Minuten- oder Minuten-Repetition. Unter allen ist die letztgenannte Form die komplizierteste, genaueste aber auch teuerste. Sie vermag die aktuelle Zeit minutengenau akustisch darzustellen. Während Taschenuhren mit Repetitionsschlagwerken eine relativ große Verbreitung gefunden hatten, sind Armbanduhren mit dieser Komplikation selten geblieben. Sie zählen deshalb zu den teuersten Sammlerstücken.

Retrograde Anzeigen: Ein Zeiger bewegt sich zur Indikation z.B. der Zeit oder des Datums über ein Kreissegment (1 bis 12 oder 1 bis 31) und springt ruckartig in seine Ausgangsposition zurück, wenn er am Ende der Skala angekommen ist.

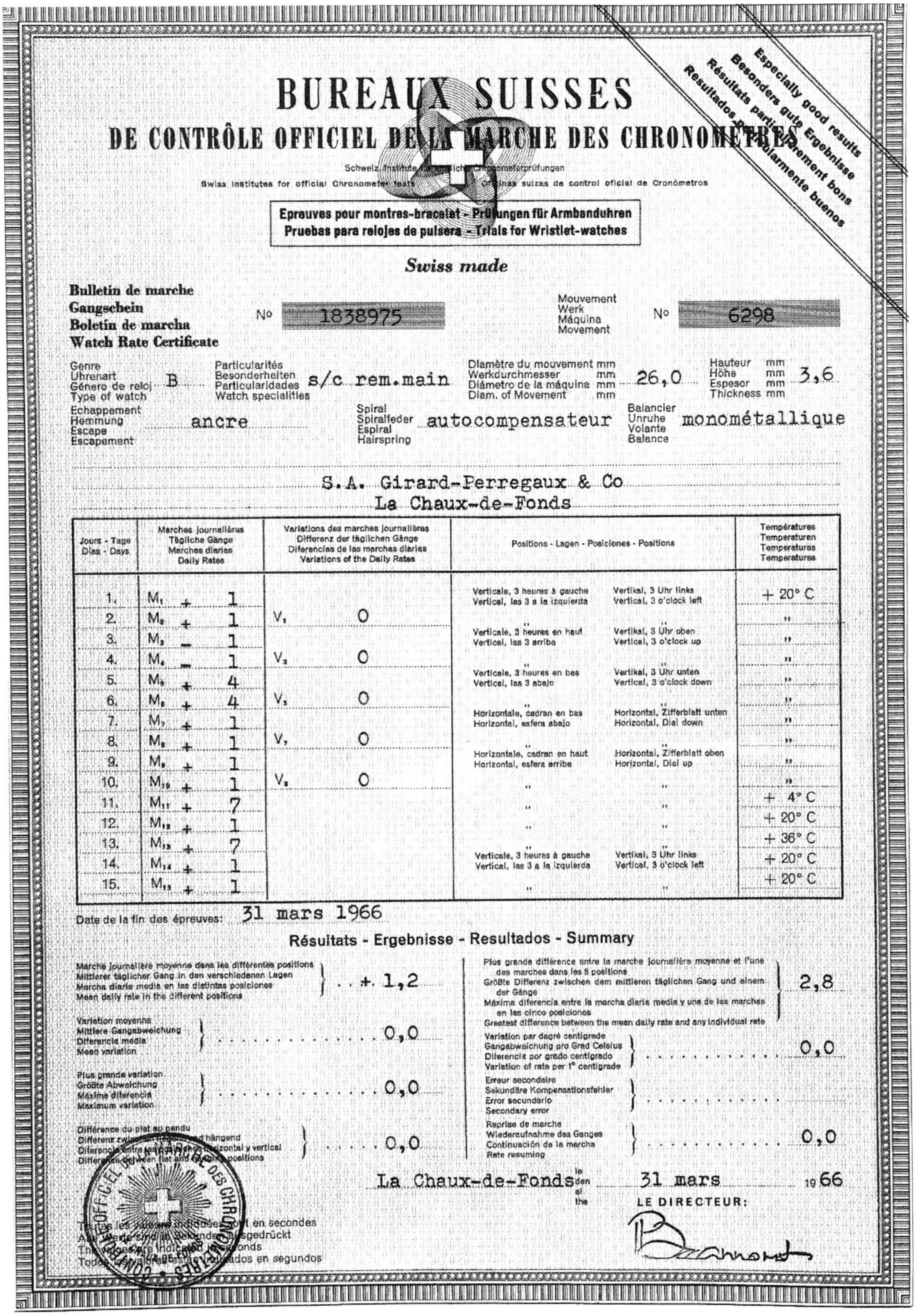

BUREAUX SUISSES
DE CONTRÔLE OFFICIEL DE LA MARCHE DES CHRONOMÈTRES

Schweiz. Institute für amtliche Chronometerprüfungen
Swiss institutes for official Chronometer tests — Oficinas suizas de control oficial de Cronómetros

Especially good results
Besonders gute Ergebnisse
Résultats particulièrement bons
Resultados particularmente buenos

Epreuves pour montres-bracelet - Prüfungen für Armbanduhren
Pruebas para relojes de pulsera - Trials for Wristlet-watches

Swiss made

Bulletin de marche
Gangschein
Boletín de marcha
Watch Rate Certificate

No 1838975

Mouvement / Werk / Máquina / Movement No 6298

Genre / Uhrenart / Género de reloj / Type of watch: B
Particularités / Besonderheiten / Particularidades / Watch specialities: s/c rem.main
Diamètre du mouvement mm / Werkdurchmesser mm / Diámetro de la máquina mm / Diam. of Movement mm: 26,0
Hauteur mm / Höhe mm / Espesor mm / Thickness mm: 3,6
Echappement / Hemmung / Escape / Escapement: ancre
Spiral / Spiralfeder / Espiral / Hairspring: autocompensateur
Balancier / Unruhe / Volante / Balance: monométallique

S.A. Girard-Perregaux & Co
La Chaux-de-Fonds

Jours - Tage Dias - Days	Marches journalières Tägliche Gänge Marchas diarias Daily Rates	Variations des marches journalières Differenz der täglichen Gänge Diferencias de las marchas diarias Variations of the Daily Rates	Positions - Lagen - Posiciones - Positions		Températures Temperaturen Temperaturas Temperatures
1.	M_1 + 1		Verticale, 3 heures à gauche Vertical, las 3 a la izquierda	Vertikal, 3 Uhr links Vertical, 3 o'clock left	+ 20° C
2.	M_2 + 1	V_1 0	"	"	"
3.	M_3 − 1		Verticale, 3 heures en haut Vertical, las 3 arriba	Vertikal, 3 Uhr oben Vertical, 3 o'clock up	"
4.	M_4 − 1	V_3 0	"	"	"
5.	M_5 + 4		Verticale, 3 heures en bas Vertical, las 3 abajo	Vertikal, 3 Uhr unten Vertical, 3 o'clock down	"
6.	M_6 + 4	V_5 0	"	"	"
7.	M_7 + 1		Horizontale, cadran en bas Horizontal, esfera abajo	Horizontal, Zifferblatt unten Horizontal, Dial down	"
8.	M_8 + 1	V_7 0	"	"	"
9.	M_9 + 1		Horizontale, cadran en haut Horizontal, esfera arriba	Horizontal, Zifferblatt oben Horizontal, Dial up	"
10.	M_{10} + 1	V_9 0	"	"	"
11.	M_{11} + 7		"	"	+ 4° C
12.	M_{12} + 1		"	"	+ 20° C
13.	M_{13} + 7		"	"	+ 36° C
14.	M_{14} + 1		Verticale, 3 heures à gauche Vertical, las 3 a la izquierda	Vertikal, 3 Uhr links Vertical, 3 o'clock left	+ 20° C
15.	M_{15} + 1		"	"	+ 20° C

Date de la fin des épreuves: 31 mars 1966

Résultats - Ergebnisse - Resultados - Summary

Marche journalière moyenne dans les différentes positions / Mittlerer täglicher Gang in den verschiedenen Lagen / Marcha diaria media en las distintas posiciones / Mean daily rate in the different positions: + 1,2

Plus grande différence entre la marche journalière moyenne et l'une des marches dans les 5 positions / Größte Differenz zwischen dem mittleren täglichen Gang und einem der Gänge / Máxima diferencia entre la marcha diaria media y una de las marchas en las cinco posiciones / Greatest difference between the mean daily rate and any individual rate: 2,8

Variation moyenne / Mittlere Gangabweichung / Diferencia media / Mean variation: 0,0

Variation par degré centigrade / Gangabweichung pro Grad Celsius / Diferencia por grado centígrado / Variation of rate per 1° centigrade: 0,0

Plus grande variation / Größte Abweichung / Máxima diferencia / Maximum variation: 0,0

Erreur secondaire / Sekundäre Kompensationsfehler / Error secundario / Secondary error: ....

Différence du plat au pendu / Differenz zwischen liegend und hängend / Diferencia entre las posiciones horizontal y vertical / Difference between flat and hanging positions: 0,0

Reprise de marche / Wiederaufnahme des Ganges / Continuación de la marcha / Rate resuming: 0,0

La Chaux-de-Fonds le / den / el / the 31 mars 1966

LE DIRECTEUR:

Toutes les valeurs indiquées sont en secondes
Alle Werte sind in Sekunden ausgedrückt
The values are indicated in seconds
Todos los valores están indicados en segundos

Rohwerk: Das Rohwerk, französisch Ebauche genannt, ist das Kernstück einer Uhr. Es ist das komplette Uhrwerk ohne → Hemmung, → Unruh, → Spiralfeder, → Zugfeder, Zifferblatt und Zeiger. Rohwerke können von den Uhrenfabriken in verschiedenen Bearbeitungsgraden, z.B. mit oder ohne eingepreßten → Lochsteinen bezogen werden. Sie werden wegen der aufwendigen Produktionseinrichtungen nur von wenigen spezialisierten Herstellern entwickelt und angefertigt.

Schleppzeiger (Rattrapante): Zusätzlicher Sekundenzeiger, der über dem eigentlichen Chronographenzeiger angeordnet ist. Er dient z.B. zum Stoppen von Zwischenzeiten und kann mit Hilfe eines speziellen Mechanismus unabhängig vom → Chronographen angehalten werden. Nach dem Ablesen z.B. der Zwischenzeit läßt sich der Schleppzeiger wieder mit dem Chronographenzeiger in Deckung bringen. Dieser Vorgang ist beliebig oft wiederholbar. Eine Nullstellung unabhängig vom Chronographenzeiger ist beim Schleppzeiger indessen nicht möglich.
Armbanduhren mit Chronograph-Rattrapante kamen gegen 1920 auf den Markt. Wegen des hohen technischen Aufwandes und der damit verbundenen zusätzlichen Kosten haben sie keine allzugroße Verbreitung erlangen können. Gerade deswegen sind sie bei Sammlern heute sehr gesucht.

Schliff: Dekoration der → Brücken und Kloben eines Uhrwerks. Zu unterscheiden sind u.a. die »großen Wellen«, die »Rippen« oder das Schachbrettmuster. Nach Anbringung des Schliffs wird die Oberfläche veredelt, d.h. vergoldet, versilbert oder rhodiniert (Rhodiumauflage). Die Struktur des Schliffes bleibt durch die Oberflächenvergütung hindurch sichtbar. (→ Genfer Streifen)

Schützengrabenuhren: Armbanduhren mit einem Schutzgitter, einem Sprungdeckel oder einer Lederkapsel über dem Glas. Wie der Name besagt, wurden S. nach der Jahrhunderwende primär aufgrund militärischer Erfordernisse hergestellt, weil die Kristallgläser harten Einsätzen nicht standzuhalten vermochten. Aber auch bei Sportlern erfreuten sich die S. großer Beliebtheit.

Schweizer Ankerhemmung → Hemmung

Skelettwerk: Uhrwerk, bei dem die → Platine, → Brücken und → Kloben manuell oder maschinell soweit durchbrochen werden, daß nur noch das für die Funktion unabdingbar notwendige Material übrigbleibt. Auf diese Weise kann man durch das Uhrwerk hindurchschauen. Armbanduhren mit skelettiertem Uhrwerk gibt es seit der Mitte der 30er Jahre.

Skelettwerk

Steine: Bei Präzisionsuhren werden zur Verminderung der Reibung in den wichtigsten Lagern, an den Ankerpaletten und der Ellipse Steine eingesetzt. Während in früheren Zeiten natürliche Edelsteine (z.B. Rubine oder Safire) verwendet wurden, findet man in modernen Uhren ausschließlich synthetisch hergestellte Steine. Zu unterscheiden sind Lagersteine (→ Lochsteine), → Decksteine, Palettensteine und Hebelsteine.
Nicht zwangsläufig müssen viele Steine bei einem Uhrwerk Ausdruck einer besonderen Güte sein. Im Gegenteil: Oftmals soll gerade bei billigen Armbanduhren eine auf dem Zifferblatt vermerkte hohe Zahl von »Jewels« eine hohe Qualität suggerieren. Bei diesen Uhren sind jedoch die Steine in den seltensten Fällen dort angebracht, wo sie wirklich gebraucht werden.

Eine Präzisionsuhr mit Handaufzug benötigt mindestens 15 funktionelle Steine: 10 Lagersteine, 2 Decksteine für die Unruh, 2 Palettensteine für den Anker sowie 1 Hebelstein (Ellipse). Eine optimale Ausstattung ist mit 18 Steinen gegeben. Bei komplizierten Uhren, z.B. mit automatischem Aufzug, Chronograph oder Repetitionsschlagwerk erhöht sich die Zahl der erforderlichen Steine entsprechend.

Stiftankerhemmung: Im Gegensatz zur Ankerhemmung (→ Hemmung) findet man bei der S. im Anker keine Palettensteine. Dafür greifen senkrecht stehende gehärtete Stahlstifte in die Zähne des Ankerrades. Die S. wurde ab 1867 auch populär, als sie der Uhrmacher Georg Friedrich Roskopf in seine preiswerten Taschenuhren einbaute. Sie wird heute noch verwendet, und zwar ausschließlich in billigen Uhrwerken. Die S. ist zwar robust, jedoch nicht besonders präzise.

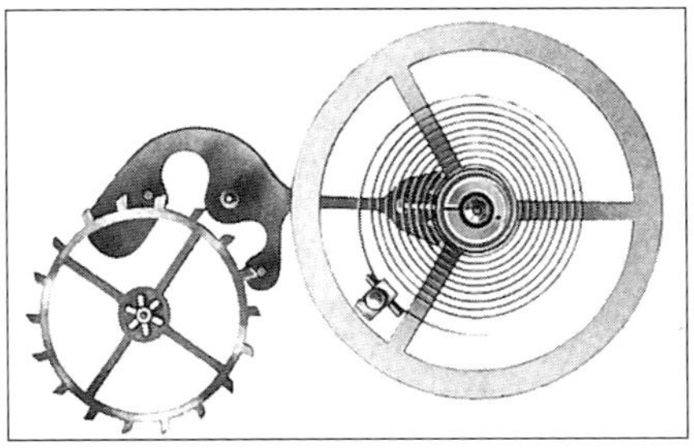

Stiftenhemmung Typ »Roskopf«

Stimmgabel-Armbanduhr: Armbanduhr, bei deren Uhrwerk eine Stimmgabel als Regulierorgan dient. Durch die gegenüber einem normalen Unruhschwinger deutlich erhöhte Frequenz (ca. 300 Hz.) wurde eine höhere Ganggenauigkeit erreicht. Herausragendstes und bekanntestes Modell im Bereich der S. ist die »Accutron« von Bulova, die 1959 angekündigt und 1961 am Markt lanciert wurde. Die garantierte Ganggenauigkeit lag bei +/- 1 Min./Monat. In Sammlerkreisen besonders gesucht ist das Modell »Spaceview« von Bulova, bei dem man die Stimmgabel durch das Glas sehen kann.

Stoppsekunde: Vorrichtung, durch die Uhrwerk und Sekundenzeiger angehalten werden, wenn man die Krone zum Zeigerstellen zieht. Die S. gestattet ein sekundengenaues Einstellen der Uhrzeit. Zu diesem Zweck muß man die Krone in dem Moment ziehen, wenn sich der Sekundenzeiger bei der »12« befindet. Beim Ertönen des Zeitzeichens wird die Krone gedrückt und der Sekundenzeiger setzt sich wieder in Bewegung.

Stoßsicherung: System zum Schutz der feinen und empfindlichen Zapfen der Unruhwelle vor Bruch. Zu diesem Zweck sind die Loch- und Decksteine der Unruhwellenlager federnd in der Hauptplatine und dem Unruhkloben befestigt. Bei harten Stößen geben sie entweder lateral und/oder axial nach.
Eine stoßgesicherte Armbanduhr soll einen Sturz aus einem Meter Höhe auf einen Eichenholzboden unbeschadet überstehen. Außerdem darf sie danach keine wesentlichen Gangabweichungen aufweisen.
Armbanduhren mit Stoßsicherung wurden in den dreißiger Jahren eingeführt. Das bekannteste und mit Sicherheit am weitesten verbreitete Stoßsicherungssystem heißt »Incabloc«. Es ist leicht an der lyraförmigen Haltefeder zu erkennen.

Swiss Made: Ursprungsbezeichnung auf dem Zifferblatt und/oder dem Werk einer Schweizer Armbanduhr. Eine Armbanduhr darf diesen Schriftzug nur dann tragen, wenn ihr Werk in der Schweiz zusammengesetzt, in Gang genommen, reguliert und vom Hersteller kontrolliert worden ist. Außerdem müssen mindesten 50 Prozent des Wertes aller Bestandteile (ohne die Kosten des Zusammenbaus) aus schweizerischer Fabrikation stammen. Schließlich muß die Uhr in der Schweiz der technischen Kontrolle nach den dort geltenden Normen unterliegen.

Tachymeterskala: Beliebte Skalierung auf dem Zifferblatt von → Chronographen zur Ermittlung von Durchschnittsgeschwindigkeiten. Dies geschieht wie folgt: Beim Passieren einer Kilometermarkierung wird der Chronograph gestartet. Sobald die nächste erreicht ist, wird der Chronograph wieder gestoppt. Auf der

Skala läßt sich nun unmittelbar die gefahrene Durchschnittsgeschwindigkeit in km/h ablesen. Für den englischen und amerikanischen Markt gab es auch in Meilen geeichte T.

Tagesanzeige: Indikation des aktuellen Tagesnamens. Wie bei der Datumsanzeige kann diese über einen Zeiger oder eine Scheibe erfolgen.
Tagesanzeigen brauchen wegen des regelmäßigen Rhythmus der Wochentage im allgemeinen nicht korrigiert zu werden. Deshalb gibt es nur bei modernen Armbanduhren Möglichkeiten der Schnellkorrektur. Bekannt sind Armbanduhren mit T. seit etwa 1915.

Spezialteile für Uhren mit Datum, Kalender und Mondphasen

Taucheruhren → wasserdichte Armbanduhren

Telemeterskala: Skalierung auf dem Zifferblatt von → Chronographen zum Ermitteln von Entfernungen. Die T. war z.B. während des Krieges bei Soldaten sehr beliebt, um die Entfernung der gegnerischen Truppen anhand der Mündungsfeuer festzustellen. Sobald ein solches sichtbar wurde, wurde der Chronograph gestartet. Nach der Wahrnehmung des Knalles wurde der Chronograph wieder gestoppt. Am Zifferblatt ließ sich nun unmittelbar die Entfernung der entsprechenden Kanone ablesen.

Tourbillon: Von Abraham-Louis Breguet 1795 erfundene und im Jahre 1801 patentierte Konstruktion zur Kompensation der Schwerpunktfehler im Schwing- und Hemmungssystem mechanischer Uhren. Beim T. sind das komplette Schwing- und Hemmungssystem in einem – möglichst zarten – Käfig angeordnet. Dieser dreht sich innerhalb einer bestimmten Zeit (meistens 1 Minute) einmal um seine Achse. Auf diese Weise heben sich in der senkrechten Lage einer Uhr die Schwerkraftfehler regelmäßig gegenseitig auf. In den horizontalen Lagen hat das T. dagegen keinen positiven Einfluß auf die Ganggenauigkeit.

Unruh: Die U. ist in Verbindung mit der → Unruhspirale das gangregelnde Organ einer mechanischen Uhr. Von ihrer Konstruktion hängt die Präzision eines Zeitmessers ganz entscheidend ab. Der Unruhreif kann als statisch ausgewuchtetes »Schwungrad« definiert werden. Bei klassischen Uhrwerken schwingt die Unruh mit 5 Halbschwingungen/Sekunde oder 18.000/Stunde hin und her. Bei moderneren Armbanduhren wurde, um die Ganggenauigkeit zu steigern, die Schlagzahl der Unruh auf 19.800, 21.600, 28.800 oder gar 36.000 Halbschwingungen/Stunde erhöht.
Bis in die vierziger Jahre wurden in Präzisionsuhren bimetallische Unruhn verwendet. Bei ihnen war der Reif aus zwei Metallen mit unterschiedlichen Wärmeausdehnungskoeffizienten (meistens Stahl und Messing) zusammengelötet. Dadurch wurde der Temperaturfehler der einfachen Stahl-Spiralen kompensiert. Als 1933 die autokompensierende »Nivarox«-Spirale Serienreife erlangt hatte, verloren die aufwendig herzustellenden Bimetall-Unruhn zunehmend an Bedeutung. An ihrer Stelle gelangten in hochwertigen Zeitmessern ab 1935 mehr und mehr die monometallischen »Glucydur«-Unruhreifen aus Beryllium-Bronze zum Einsatz. In Verbindung mit der »Nivarox«-Spirale war damit ein beinahe ideales Regulierorgan geschaffen worden, das bis in die Gegenwart nichts an Aktualität eingebüßt hat. In Uhren mittlerer Preislage und Standardwerken findet man häufig Nickel-Unruhn aus Neusilber, während einfache → Stiftanker- und → Zylinderwerke zumeist mit billigen Roskopf-Unruhn aus Messing ausgestattet sind.

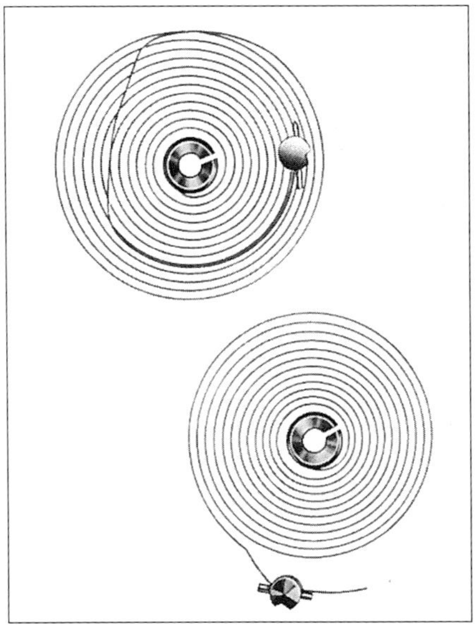

Unruhspirale

Unruhspirale: Die Unruhspirale kann als die »Seele einer mechanischen Uhr« bezeichnet werden. Sie ist mit ihrem inneren Ende an der Unruhwelle und mit dem äußeren am Unruhkloben befestigt. Durch ihre Elastizität sorgt sie dafür, daß die → Unruh gleichmäßig hin- und herschwingt. Ihre aktive Länge bestimmt neben dem Trägheitsmoment des Unruhreifens dessen Schwingungsdauer. Deshalb findet man in den meisten Uhren einen Rücker, mit dem sich die aktive Länge der Unruhspirale verändern läßt. Eine Verlängerung der U. bewirkt ein Nachgehen der Uhr, während die Verkürzung zum Vorgehen führt. Die Präzision einer mechanischen Uhr hängt ferner von der Form der Unruhspirale ab. In hochwertigen Zeitmessern wurden früher zumeist die sog. Breguet-Spiralen verwendet. Diese besitzen ein hochgebogenes äußeres Ende. Dadurch können sie sich gleichmäßiger »entfalten« als flache Unruhspiralen.
Die Unruhspirale ist drei- bis viermal dünner als ein menschliches Haar und wiegt etwa 2/1000 Gramm. Trotzdem vermag sie einer Spannung von 600 Gramm zu widerstehen. Mehr als 200.000.000 mal pro Jahr zieht sie ihre feinen Windungen zusammen und dehnt sie danach wieder aus.

Unruh-Stoppvorrichtung → Stoppsekunde

Vierjahreskalender: Im Gegensatz zum → Ewigen Kalender vermag der V. die unterschiedlichen Monatslängen jeweils in der Epoche von Schaltjahr zu Schaltjahr korrekt wiederzugeben. Jeweils am 29. Februar ist bei Uhren mit V. eine manuelle Korrektur erforderlich.

Vierundzwanzig-Stunden-Anzeige: Armbanduhren, bei denen sich der Stundenzeiger einmal pro Tag um seine Achse dreht, also auf dem Zifferblatt die Stunden von 1 bis 24 direkt anzeigt. Diese Form der Indikation ist selten, weil sie sehr gewöhnungsbedürftig ist. Erstmals hergestellt wurden Armbanduhren mit V. im Ersten Weltkrieg, damit die Soldaten im Bunker von der Uhr ablesen konnten, ob draußen gerade Tag oder Nacht ist. Neben den Armbanduhren mit reiner V. gibt es auch solche mit zwei Stundenzeigern. Einer davon dreht sich in 12 Stunden, der andere in 24 Stunden um seine Achse. Um von diesen Modellen eine zweite Zonenzeit (→ Weltzeitindikation) direkt ablesen zu können, läßt sich entweder ein Zeiger in Stundenschritten z.B. über die Krone verstellen, oder man kann eine rastende Dreh- → Lunette mit aufgedruckten oder eingravierten Stundenzahlen um die betreffende Zeitdifferenz verstellen.

Vollkalendarium: Komplettes Kalendarium mit Anzeige von Tag, Datum und Monat. Die Monatsanzeige wird nicht bei allen V. automatisch weitergeschaltet. Häufig muß sie am Monatsende manuell korrigiert werden. Im Gegensatz zum → Ewigen Kalender sind in allen Monaten mit weniger als 31 Tagen manuelle Korrekturen der Datums- und der Monatsanzeige erforderlich. (→ Datumsanzeige, → Tagesanzeige)

Wasserdichte Armbanduhren: Armbanduhren, deren Gehäuse im Originalzustand bis zur angegebenen Tiefe gegen eindringendes Wasser dicht sind. Zu diesem Zweck sind das Gehäuse selbst, aber auch das Glas, die Krone und eventuell vorhandene Drücker nach besonderen Kriterien auszuführen. Nach derzeit gültigen Normen darf eine Armbanduhr dann als »wasserdicht« bezeichnet werden, wenn sie gegen Schweiß, Wassertropfen, Regen oder beim Tauchen bis 1 m Wassertiefe für die Dauer von 30 Minuten resistent ist. Ist eine wasserdichte Armbanduhr dagegen höher belastbar, findet man die entsprechenden Werte zumeist in Form

von Gehäusegravuren, z.B. als Prüfdruck in Atmosphären (atm) oder als Wassertiefe in m. So entsprechen z.B. drei Atmosphären einem Druck von 3 kg/cm^2 oder einer Wassertiefe von 30 Metern. Für Taucheruhren gelten noch strengere Maßstäbe: Sie müssen konstruiert sein für einen täglichen Gebrauch von mindestens einer Stunde in 100 m Wassertiefe.
Wasserdichte Armbanduhren sollten nach Möglichkeit einmal jährlich auf ihre Dichtigkeit hin überprüft werden.

Wecker: Eine der frühesten Zusatzfunktionen bei mechanischen Räderuhren. Bekannt seit dem 16. Jahrhundert. Armbanduhren mit W. gibt es seit 1908, als Eterna ein entsprechendes Modell zum Patent anmeldete. Bekannteste Serienmodelle sind der 1947 lancierte »Cricket« von Vulcain, das 1951 präsentierte Modell »Memovox« von Jaeger-LeCoultre sowie der 1969 vorgestellte »Memomatic« von Omega.

Spezialteile für Weckeruhren

Weltzeitindikation: Die Aufteilung der Erde in 24 Zeitzonen von jeweils 15 Längengraden, ausgehend vom Greenwicher Nullmeridian führte zur Entwicklung von Uhren mit W. Diese zeigen zwei oder mehrere Zonenzeiten simultan an. Zu diesem Zweck sind entweder in einem Gehäuse mehrere getrennte Uhrwerke untergebracht, oder ein Zusatzmechanismus ermöglicht die Darstellung verschiedener Zonenzeiten, die i.d.R. um ganzzahlige Vielfache einer Stunde voneinander abweichen. Vielfältige Möglichkeiten bieten die »heure universelle«-Modelle. Bei ihnen lassen sich die Zeiten aller 24 Zeitzonen simultan ablesen. In einen Drehring sind die Namen von wichtigen Städten eingraviert, die jene Zeitzonen jeweils repräsentieren. Ein 24-Stunden-Ring, der vom Uhrwerk angetrieben wird, zeigt die jeweiligen Tages- oder Nachtstunden in diesen Zeitzonen an. Die Stunden der Ortszeit sowie die Minuten aller Zeitzonen werden mit Hilfe des zentral angeordneten Zeigerpaares dargestellt.

Zeigerwerk: Zwischen → Platine und Zifferblatt liegendes Räderwerk. Es überträgt die Drehungen der Minutenradwelle auf den Stundenzeiger. Außerdem dient es – in Verbindung mit dem Zeigerstellsystem – dazu, Stunden- und Minutenzeiger über die gezogene Krone exakt zu richten.

Zentralsekunde: Sekundenzeiger, der im Zentrum des Zifferblattes angeordnet ist. Bei Uhren mit Z. ist die Welle des Minutenrades durchbohrt, um Platz für die Welle des Sekundenzeigers zu machen. Bei Uhren mit Z. unterscheidet man solche mit direkter Z. und indirekter Z. Direkte Z. sind im Kraftfluß des Räderwerkes, indirekte dagegen außerhalb desselben angeordnet. Deshalb findet man indirekte Z. häufig bei solchen Kalibern, die von einer dezentralen (kleinen) auf eine zentrale Sekundenanzeige umkonstruiert wurden.

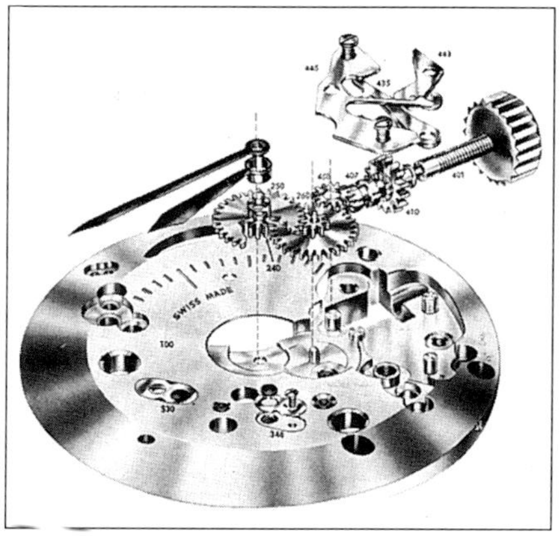

Das Werk der gewöhnlichen Uhr (Zifferblattseite)

Zugfeder: Zugfedern sind lange, elastische und spiralförmig aufgewickelte Stahlstreifen, die bereits im Verlauf des 15. Jahrhunderts als Energiereservoir in mechanischen Uhren Verwendung fanden. Sie sind im Federhaus untergebracht und entwickeln im vollaufgezogenen Zustand ihr höchstes Drehmoment. Mit abnehmender Federspannung nimmt auch das Drehmoment kontinuierlich ab, was sich auf den Gang einer Uhr auswirkt. Bei Uhren mit → Automatischem Aufzug wird die Zugfeder regelmäßig nachgespannt. Dies bewirkt ein relativ konstantes Drehmoment und damit einen gleichmäßigeren Gang. In Armbanduhren finden im allgemeinen sog. »Nivaflex«-Zugfedern Verwendung. Diese bestehen aus einer Spezialegierung und sind dauerelastisch sowie weitgehend bruchresistent.

Zylinderhemmung

Zylinderhemmung: Heute in Armbanduhren nicht mehr verwendetes Hemmungssystem. Es wurde 1726 von dem englischen Uhrmacher George Graham erfunden. Bei dieser → Hemmung fehlt der Anker als Verbindungsglied zwischen Ankerrad und Unruhwelle. Vielmehr greifen die Zähne des Hemmungsrades direkt in die als hohler Zylinder ausgeformte Unruhwelle. Wegen der unbefriedigenden Gangleistung wurde die Z. zumeist in einfacheren Armbanduhren verwendet.

Kurzübersicht wichtiger Uhrenfirmen

AUDEMARS PIGUET
Gegründet 1875/1882 von Jules Audemars & Edward Piguet; Firmensitz in Le Brassus, Vallée de Joux, Schweiz; bedeutender Hersteller von Luxus-Armbanduhren aller Komplikationen in feinster Werksqualität (u.a. Kalenderuhren, Repetitionen, Chronographen – auch mit Schleppzeiger, Heures Sautantes); auch heute noch weitestgehend im Besitz der Gründerfamilien. Trotz der hohen Qualität sind die Uhren dieser Marke teilweise unterbewertet, allerdings bei voraussichtlich im allgemeinen fester bis leicht steigender Tendenz angesichts eines neuen Buches über die Manufaktur und ihre Produkte.
Preisspektrum von ca. DM 2.000,– bis DM 250.000,–.

BAUME & MERCIER
Gegründet 1918 in Genf von W. Baume & P. Mercier. 1965 übernahm Piaget die Aktienmehrheit; heute ist die Firma im Besitz der Cartier-Gruppe. Hersteller von Armbanduhren des mittleren Preissegments; bei Sammlern sind hauptsächlich Chronographen und klassische Modelle gefragt. Die Preise für Armbanduhren von Baume & Mercier beginnen bei ca. DM 300,–; Tendenz: weitgehend fest.

BLANCPAIN
Gegründet 1735 in Villeret, Westschweiz, von Jehan-Jacques Blancpain; gilt als eine der ältesten Uhrenmarken der Erde; heute Luxusuhren-Hersteller, im Besitz des SMH-Konzerns in Le Brassus. Blancpain stellte u.a. die »Harwood« für den französischen Markt sowie die verschiedenen Modelle der »Rolls« her. Preise für alte Blancpain-Modelle beginnen bei ca. DM 500,–. Tendenz: relativ fest.

BREGUET
Gründung geht auf das Jahr 1775 und Abraham-Louis Breguet, den wohl genialsten Uhrmacher aller Zeiten, zurück. Heute im Besitz der Investcorp mit Firmensitz in Le Brassus, Vallée de Joux. Auf Breguet gehen viele bedeutende uhrentechnische Erfindungen zurück, z.B. die Stoßsicherung, die Breguetspirale, das Tourbillon. Alte Armbanduhren, z.B. Chronographen, Kalenderuhren oder klassische Handaufzugs-Modelle, von Breguet sind relativ selten und deswegen noch weitgehend preisstabil. Preise ab ca. DM 5.000,–.

BREITLING
Gegründet 1892 in La Chaux-de-Fonds von G. Léon Breitling. Von Anfang an Spezialisierung auf Chronographen, die den Namen Breitling weltweit bekannt machten. Im Jahre 1979 wurde die Marke von der Firma Sicura übernommen. Der Firmensitz ist heute in Grenchen. Bei Sammlern begehrt sind die verschiedenen Chronographen-Modelle (z.B. Premier, Chronomat, Navitimer, Cosmonaute, Duograph) ebenso wie die Weltzeituhr »Unitime« oder verschiedene Kalender-Armbanduhren. Preise ab etwa DM 500,–, bei fester bis noch leicht steigender Tendenz für besonders gesuchte Modelle.

CARTIER
Die heute unter dem Namen Cartier bekannten Armbanduhren gehen hauptsächlich auf die Kreativität des Designers Louis Cartier zurück. Er entwarf u.v.a. so berühmte Modelle wie »Santos« (1907), »Baignoire« (1912), »Tank« (1917), »Pasha« (1932) oder »Vendôme« (1933). Gerade diese sind es, welche sich in Sammlerkreisen außer-

ordentlicher Beliebtheit erfreuen und für ein relativ stabiles Preisgefüge ab etwa DM 2.000,– sorgen. Bei besonders extravaganten Chronographen, Repetitions- oder Designuhren ist nach einer Phase der Überbewertung nun eine eher sinkende preis-liche Tendenz auszumachen.

CORUM
Gegründet im Jahre 1955 in La Chaux-de-Fonds von Gaston Ries, Simone Ries und René Bannwart. Uhrenmanufaktur, bekannt hauptsächlich wegen außergewöhnlicher Gehäuse- und Zifferblattdesigns; heute gibt es aber auch komplizierte Armbanduhren in der Kollektion. Frühe Designuhren sind u.a. die »Golden Tube«, »Longchamp«, »Buckingham«, »sans heures« sowie die »Lionheart«. Aufgrund des vergleichsweise geringen Alters der Manufaktur hat sich noch kein gefestigter Sammlermarkt gebildet. Die Preise, ab etwa DM 400,–, sind deshalb bislang noch uneinheitlich.

EBEL
Die Gründung der Marke geht auf das Jahr 1911 zurück und bildet ein Kürzel aus »Eugène Blum et Lévy«. Auch heute noch im Familienbesitz. Anfänglich primär Herstellung von Private-Label-Uhren, d.h. auf den Zifferblättern standen die Namen der Auftraggeber. Daneben gab es aber auch Ebel-Uhren, die allerdings vergleichsweise selten sind. Erst nach der Übernahme der Marke durch Pierre-Alain Blum erlangte diese eine größere Bekanntheit und Verbreitung. Dies wirkt sich auch auf die Preise für alte Modelle aus, die bei rund DM 300,– beginnen, und vor allem bei außergewöhnlichen Modellen, z.B. Chronographen oder Formuhren, im allgemeinen fest sind. Die Besitzverhältnisse sind derzeit im Umschwung begriffen.

EBERHARD & CIE.
Gegründet im Jahre 1887 von Georges Eberhard mit Firmensitz in La Chaux-de-Fonds. Bekannt sind vor allem die Armbanduhren mit Chronograph sowie die Schleppzeiger-Modelle. Der erste Armband-Chronograph kam bereits zur Zeit des Ersten Weltkriegs auf den Markt. Die Marke ist speziell bei italienischen Sammlern sehr beliebt. Dies wirkt sich förderlich auf die Preise aus, die vergleichsweise hoch sind und eine relativ feste Tendenz aufweisen.

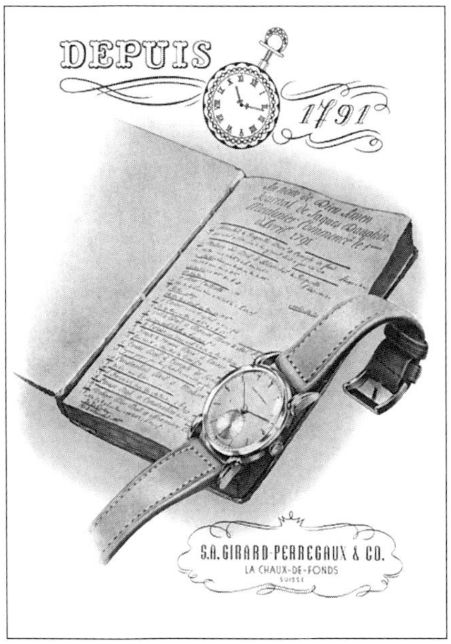

ETERNA
Uhrenmanufaktur, gegründet 1856 von Dr. Josef Girard und Urs Schild als erste Uhrenfabrik der Gemeinde Grenchen. Seit 1984 im Besitz der Schweizerischen PCW-Gruppe. Eterna hat sich vor allem durch die Erfindung des kugelgelagerten Rotors für automatische Uhren im Jahre 1948 einen Namen gemacht. Deshalb gehören die frühen Eterna-Matic-Modelle in jede Automatik-Sammlung. Daneben gibt es aber auch interessante Chronographen, Wecker, Kalender- und Formuhren. Das Preisspektrum beginnt bei etwa DM 200,–. Tendenz: im großen und ganzen fest.

EXCELSIOR PARK
Gegründet 1866 in St. Imier von Jules-Frédéric Jeanneret. Frühzeitige Spezialisierung auf Chronographen. Ex. Park entwickelte eigene Chronographen-Kaliber für Taschen- und Armbanduhren und galt deshalb bis zur Liquidierung im Jahre 1984 als Manufaktur. Armband-Chronographen von Excelsior Park sind relativ selten. Der trotz hoher Reputation vergleichsweise unbekannt gebliebene Name wirkt sich auf die Preise aus. Diese beginnen bei etwa DM 500,– und sind derzeit relativ stabil.

GIRARD-PERREGAUX
Für diese Manufaktur gibt es im Prinzip drei Gründungsjahre: 1791, 1856 und 1906. 1791 gründeten in Genf die Uhrmacher Bautte und Mouliné eine Werkstatt zur Her-

stellung von Uhren. 1856 heiratete der Uhrmacher Constant Girard eine gewisse Marie Perregaux und die gemeinsame Firma Girard-Perregaux wurde ins Leben gerufen. 1906 erwarb G.-P. die frühere Firma von Bautte und Mouliné. Firmensitz ist La Chaux-de-Fonds. G.-P. zeichnete sich auf dem Gebiet der Armbanduhren stets durch besondere Kreativität aus. Dies gilt auch für die Untermarke »Mimo«. Weil die Marke relativ unbekannt ist, sind die Armbanduhren teilweise unterbewertet. Tendenz: weitgehend stabil.

GLASHÜTTER ARMBANDUHREN
Dazu zählen Armbanduhren von A. Lange & Söhne ebenso wie solche, die mit dem Namen »Tutima« signiert sind. Am höchsten bewertet, bei stabiler oder leicht steigender Tendenz, sind die Modelle von A. Lange & Söhne. Herausragend die übergroßen, für die Deutsche Luftwaffe hergestellten Flieger-Armbanduhren. Die Preise dafür bewegen sich in Regionen jenseits von DM 2.000,–. Gesuchtestes Tutima-Modell ist der 1941 für die Deutschen Luftwaffe entwickelte Flieger-Chronograph, dessen Preis mittlerweile ebenfalls konstant jenseits von DM 2.000,– liegt. Interessant schließlich auch die rechteckigen Armbanduhren mit dem rechteckigen Raumnutzwerk Kaliber 58; Preise ab etwa DM 400,–. Weniger gesucht sind dagegen die Nachkriegs-Armbanduhren der Glashütter Uhrenbetriebe (GUB), die ab DM 100,– erhältlich sind.

HEUER
Gegründet im Jahre 1864 in Biel von Edouard Heuer. Heute firmiert die Marke als TAG-Heuer. Bis zum Konkurs in den achtziger Jahren dieses Jahrhunderts einer der größten und bedeutendsten Hersteller von Stoppuhren und Chronographen. Fertigte u.a. Chronographen im Lohnauftrag für Rolex. Außerdem machte sich Heuer einen Namen in der Sportzeitmessung. Armbanduhren von Heuer sind teilweise noch unterbewertet und erhältlich ab etwa DM 300,–. Tendenz insgesamt jedoch ziemlich fest.

IWC
Ab dem Jahre 1868 sehr turbulente Firmengeschichte mit mehreren Beinahe-Konkursen. Einzige namhafte Uhrenmanufaktur in der Deutschen Schweiz mit Firmensitz in Schaffhausen. Seit 1978 über eine Holding im Besitz des deutschen Tachometer-Herstellers VDO. Vor allem die Armbanduhren mit IWC-eigenen Kalibern zeichnen sich durch höchste handwerkliche Qualität aus. Gesuchtestes Modell ist derzeit die legendäre Fliegerarmbanduhr »Mark XI« mit antimagnetischem Innengehäuse, was sich auf die Preise (jenseits DM 2.000,–) weiterhin stimulierend auswirkt. Begehrt sind auch die frühen »Ingenieur«-Modelle; Preise in Stahl über DM 2.000,–. Preisspektrum für IWC-Armbanduhren: ab etwa DM 600,–. Tendenz: im großen und ganzen fest.

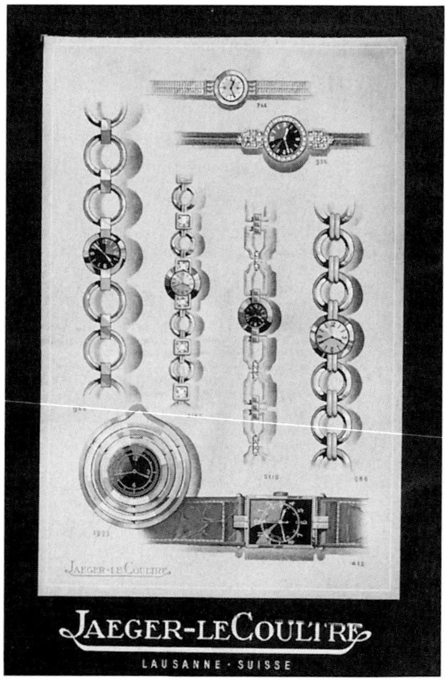

JAEGER-LECOULTRE
Uhrenmanufaktur, gegründet 1833 in Le Sentier, Vallée de Joux, vom Uhrmacher Antoine LeCoultre. LeCoultre war und ist einer der bedeutendsten Fabrikanten von Rohwerken, der fast alle namhaften Luxusuhren-Hersteller belieferte. Bis etwa 1925 wurden nur Rohwerke produziert. Nach der Fusion mit dem Elsässer Uhrenfabrikanten Edmond Jaeger im Jahre 1925 kamen auch fertige Armbanduhren mit der Signatur Jaeger-LeCoultre auf den Markt. Bekanntestes Modell ist u.a. die 1931 lancierte »Reverso«, die im Preisspektrum ab etwa DM 3.000,– derzeit fest tendiert. Aber auch die rechteckigen und runden Kalenderuhren, die Formuhren oder die 1953 präsentierte »Futurematic« mit Gangreserveanzeige zeigen sich bei Preisen ab etwa DM 700,– relativ stabil.

JUNGHANS

Einer der wichtigsten und bekanntesten deutschen Uhrenhersteller. Gegründet im Jahre 1861 als Familienunternehmen in Schramberg, wo sich der Firmensitz auch heute noch befindet. Zwischenzeitlich gehört das Unternehmen zur Diehl-Gruppe. Gesuchte Sammleruhren von Junghans sind u.a. die ab 1952 hergestellten Modelle mit Chronometer-Zertifikat, die es mit manuellem oder automatischem Aufzug gab (Preise ab etwa DM 400,–, Tendenz: weitgehend stabil), der Wecker »Minivox« (Preise ab etwa DM 300,–) sowie die Chronographen mit dem eigenen Junghans-Kaliber J 88, von denen spezielle Versionen für die Deutsche Bundeswehr angefertigt wurden (Preise ab etwa DM 700,–. Tendenz ebenfalls stabil).

LE PHARE

Gegründet in Le Locle im Jahre 1888 von Charles Barbezat. Zahlreiche Preise und Medaillen für bedeutende Erfindungen auf dem Gebiet der Uhrentechnik. 1939 zog die Firma um nach La Chaux-de-Fonds. 1940 Verkauf der Marke und 1950 Umwandlung in Le Phare-Sultana S.A. Starke geschäftliche Ausrichtung in Richtung Ferner und Mittlerer Osten. Zeitweise zweitgrößter schweizerischer Hersteller von Chronographen. Wenig bekannte und daher unterbewertete Marke. Preise ab etwa DM 300,–. Tendenz: im allgemeinen stabil.

LONGINES

Als Zeitpunkt der Firmengründung kann das Jahr 1832 angenommen werden; die Gründerpersönlichkeiten waren Auguste Agassiz und Ernest Francillon. Letzterer war es, der in St. Imier »Les Longines«, die länglichen Wiesen, erwarb und dort das erste Fabrikgebäude errichtete. Longines konnte sich durch die Entwicklung herausragender Kaliber und die Erfindung des sog. »Fadenriß«-Systems für sportliche Wettkämpfe einen großen Namen machen. Heute sind bei Sammlern u.a. die legendären Chronographen (Preise ab DM 2.000,–. Tendenz: noch steigend) sowie die berühmten Fliegerarmbanduhren vom Typ »Lindbergh« (Preise ab DM 6.000,–. Tendenz: eher fest) gesucht. Klassische Armbanduhren von Longines sind ab etwa DM 300,– erhältlich.

MINERVA

Die Firma wurde im Jahre 1858 in Villeret von Charles Robert ins Leben gerufen. 1895 begann Minerva mit der Herstellung eigener Uhrwerke und Gehäuse. Etwa 1915 gelangten Armbanduhren in die Kollektion; 1923 kam das erste eigene Chronographen-Kaliber von Minerva auf den Markt. 1934 an die Familien Haussener und Pelot verkauft. Ab 1945 spezialisierte sich Minerva auf Chronographen, Stoppuhren und sonstige Kurzzeitmesser für verschiedene sportliche Veranstaltungen wie z.B. Wasserpolo oder Regatten. Die Uhren dieser Marke sind infolge des relativ geringen Bekanntheitsgrades teilweise unterbewertet. Preise für normale Handaufzugs-Modelle ab etwa DM 200,–, für Chronographen ab etwa DM 700,–.

MOVADO

»Immer in Bewegung« lautet die deutsche Übersetzung des in Esperanto abgefaßten Firmennamens. 1881 startete Achille Ditesheim in La Chaux-de-Fonds eine Uhrenfabrikation, die 1906 diesen Namen erhielt. Armbanduhren fertigte die Fabrik bereits kurz nach der Jahrhundertwende. Besonders ausgefallen ist die »bananenförmige« Polyplan mit einem gewölbten Uhrwerk (Preise ab etwa DM 4.000,–), die 1912 auf den Markt kam. Gesucht sind ferner u.a. die Kalenderuhren (z.B. »Calendo-Matic ab etwa DM 600,–) sowie die Chronographen (Preise ab etwa DM 2.000,–). Design-Freaks schwören auf die mechanische »Museum-Watch« mit dem schwarzen Zifferblatt des Designers Nathan Horwitt (Preise ab etwa DM 400,–). Preistendenz: im großen und ganzen fest bis leicht steigend.

OMEGA
In Sammlerkreisen ist Omega noch immer eine der bekanntesten Uhrenmarken. Die Firma wurde 1848 in Biel von Louis Brandt gegründet. 1894 wurde ein neues Kaliber erstmals mit dem Namen Omega bezeichnet. Heute gehört die Marke zum schweizerischen Uhrentrust SHM. Das Spektrum der Omega-Armbanduhren ist sehr breit und reicht von der einfachen Handaufzugsuhr bis hin zum Tourbillon. Gesucht sind u.a. die Handaufzugs-Chronometer mit dem Kaliber 30 T2 (ab etwa DM 700,–) oder die 1952 eingeführten Automatik-Chronometer »Constellation« (ab etwa DM 400,–). Großer Beliebtheit erfreuen sich ferner die Chronographen, die Kalender-Armbanduhren oder die wasserdichten Modelle mit Schiebe-Gehäuse. Preisliche Tendenz: im allgemeinen fest.

PATEK PHILIPPE
Schon fast magischer Name bei den Sammlern von Armbanduhren. 1839 in Genf gegründete Manufaktur. Mit der Gründung in namentlichem Zusammenhang stehen Antoine Norbert de Patek und Jean Adrien Philippe. Letzterer hat durch die Erfindung des modernen Kronenaufzuges viel zur Alltagstauglichkeit der Armbanduhr beigetragen. 1932 ging die Firma in das Eigentum der Familie Stern über. Daran hat sich bis in die Gegenwart nichts geändert. Die Armbanduhren von Patek Philippe sind aufgrund ihrer hohen Qualität, aber auch infolge der starken Nachfrage sehr hochbewertet; manche Modelle sind sogar erheblich überbewertet. Dies hat sich in den Jahren 1991/92 durch stark nachgebende Preise für verschiedene komplizierte Armbanduhren dieser Manufaktur bemerkbar gemacht. Preiseinbrüche von 50 Prozent und mehr sind bei manchen Auktionen zu konstatieren. Die Preisspanne für Armbanduhren von Patek Philippe erstreckt sich von ca. DM 4.000,– bis rund DM 500.000,–.

ROLEX
Neben Patek Philippe fasziniert vor allem auch der Name Rolex die Liebhaber alter Armbanduhren. Er ist, einer gesicherten Überlieferung zufolge, das Kürzel aus »horlogerie exquise« und wurde 1908 für den Deutschen Hans Wilsdorf geschützt. Mit Rolex verbindet man u.a. die wasserdichte Armbanduhr, die bereits 1927 unter dem Namen »Oyster« auf den Markt gebracht wurde. Gesucht sind bei Sammlern z.B. die sog. »Kanalschwimmer«-, »Bubble-Back«-, »Prince«-, »Cosmograph«- sowie Chronographen-Modelle. Es existieren viele Fälschungen und Mariagen, weswegen besondere Vorsicht angeraten erscheint. Preise ab DM 1.500,– bei teils fester, teils weiterhin leicht steigender Tendenz.

ULYSSE NARDIN
Gegründet im Jahre 1846 in Le Locle durch den Uhrmacher Ulysse Nardin. Seit 1982 im Besitz des Unternehmers Rolf W. Schnyder. Auf dem Gebiet der Präzisionszeitmessung machte sich Ulysse Nardin einen Namen durch vorzügliche Marine-Chronometer und Beobachtungsuhren. Sammler alter Armbanduhren schätzen vor allem die rechteckigen Formuhren, die Chronographen sowie die Armband-Chronometer. Auch wenige Repetitions-Armbanduhren wurden von U.N. hergestellt. Die Uhren dieses Herstellers sind teilweise noch unterbewertet. Die Preise beginnen bei etwa DM 400,–, Tendenz: weitgehend fest.

UNIVERSAL GENEVE

Die Uhrenmanufaktur wurde, wie der Name bereits besagt, im Jahre 1894 in Genf durch G. Perret und L. Berthoud ins Leben gerufen. Als Untermarke auf niedrigerem Preisniveau existiert »UWECO«. Bei Sammlern ist Universal hauptsächlich wegen der verschiedenen Chronographen-Modelle (u.a. Compax, Tri-Compax, Dato-Compax, Aero-Compax) bekannt geworden. Das Angebot umfaßt aber auch einfache Handaufzugs-, Automatik- oder Kalender-Armbanduhren. 1958 hatte Universal außerdem den Microrotor, einen in die Werksebene integrierten Planetenrotor vorgestellt. Preise ab etwa DM 300,– bei relativ stabiler bis leicht steigender Tendenz.

VACHERON & CONSTANTIN

Ebenfalls einer der unbekannteren und daher verschiedentlich unterbewerteten Luxusuhren-Hersteller. Gegründet 1755 in Genf durch den Uhrmacher Jean-Marc Vacheron, der 1819 aus finanziellen Gründen den begüterten François Constantin als Teilhaber aufnahm. Heute ist diese nach wie vor in Genf beheimatete Uhrenmarke im Besitz des Ölscheichs Yamani. Die Kollektion von Vacheron & Constantin umfaßte neben den »normalen« Handaufzugs- und Automatikmodellen auch Armbanduhren mit – beinahe – jeder Komplikation (z.B. Chronographen, Repetitionen, Kalendarien). Preise ab etwa DM 2.000,–. Im unteren bis mittleren Segment eher fest bis noch leicht steigend, im oberen und höchsten Preissegment dagegen bröckelnd.

ZENITH

Mehr als 1500 Observatoriumspreise, Medaillen und sonstige Ehrungen wurden der 1865 in Le Locle durch Georges Favre-Jacot gegründeten Uhrenmanufaktur im Laufe der Firmengeschichte zuteil. Der Name Zenith fand indessen erst ab 1911 Verwendung, als die ursprüngliche Personengesellschaft in eine Aktiengesellschaft umgewandelt wurde. Ab 1969 in der Holding »Mondia – Movado – Zenith« und seit 1984 wieder selbständig. Trotz herausragender Leistungen auf dem Gebiet der Armband-Chronometer und der Konstruktion des weltweit ersten Armband-Chronographen mit automatischem Aufzug durch Zentralrotor im Jahre 1969 relativ unbekannte und daher noch unterbewertete Marke. Preise ab etwa DM 300,– bei relativ fester bis – für verschiedene Chronographen- und Chronometer-Modelle – teilweise noch leicht steigender Tendenz.

Das Sammeln von Armbanduhren

Erst rund zehn Jahre ist es her, daß die Armbanduhren als Sammelgebiet in einem breiteren Umfang in Erscheinung getreten sind. Zwar gab es auch vor dem etwa 1983 einsetzenden »Armbanduhrenfieber« schon Sammler und Liebhaber mechanischer Uhren, die neben den als Sammelgebiet immer schon anerkannten Taschenuhren auch interessante Armbanduhren erwarben, doch handelte es sich um einen kleinen Kreis, der mehr belächelt als bewundert wurde. Schlimmer noch ist es jenen wenigen Zeitgenossen ergangen, die sich mit Verve ausschließlich auf das Sammeln alter Armbanduhren konzentrierten. Sie beschäftigten sich in den Augen »ernsthafter« Uhrensammler mit zweitrangigen Produkten der Zeitmessung, mit Gegenständen, die einstmals vielfach achtlos in die Ecke gelegt oder gar weggeworfen wurden, wenn sich die Technik oder die Mode wieder einmal wandelten oder wenn sie ihren Dienst nicht mehr ordnungsgemäß versahen und eine Reparatur zu kostspielig erschien. Deshalb besaßen die Armbanduhren als reiner Gebrauchsartikel keinen besonderen Stellenwert in der Liste der menschlichen Kulturgüter.

Dies kommt auch dadurch zum Ausdruck, daß den Armbanduhren – im Gegensatz zu den Taschen- und Großuhren – bis zu Beginn der achtziger Jahre keine spezifischen kulturgeschichtlichen Publikationen gewidmet worden waren. Es schien nicht der Mühe wert, eigene Bücher über die geschichtliche Entwicklung und die technische Vielfalt der Armbanduhren herauszugeben, weil sich ohnehin nur wenige dafür interessiert hätten. Nur in Reparatur-Leitfäden für Uhrmacher und in Fachjournalen für den einschlägigen Handel wurde regelmäßig über dieses Thema berichtet.

Der Grund für all dies ist u.a. auch darin zu sehen, daß sich die Armbanduhr unter den landläufig verwendeten Antiquitätenbegriff gar nicht oder zumindest nur sehr schwer subsumieren läßt. Hinzu kommt, daß die Armbanduhren zu »normale« Gegenstände waren, weil man sie mit allergrößter Selbstverständlichkeit benützte und über ihre Genese kaum nachdachte. Technische Innovationen und modischer Wandel wurden als Fakten hingenommen, ohne die Hintergründe genauer zu reflektieren.

Die Taschenuhr dagegen genoß den Respekt eines Erbstückes, dem ohne Zweifel Alter, Tradition und damit zumindest ideelle Werte anhafteten.

So konnte es kommen, daß über ein typisches Produkt des 20. Jahrhunderts und seine Entwicklungsgeschichte teilweise weniger Informationen vorhanden waren als über weitaus ältere Gegenstände.

Dies hat sich inzwischen grundlegend geändert: Eine Vielzahl grundlegender Werke informieren über die Geschichte und technische Entwicklung der Armbanduhr und ermöglicht den Erwerb eines breitgestreuten Wissens. Daneben gibt es spezielle Bücher über bestimmte Sonderformen der Armbanduhr sowie über die Geschichte renommierter Uhrenhersteller. Schließlich kann man seit wenigen Jahren auch auf ein breites Spektrum an Special-Interest-Magazinen zurückgreifen, die jedoch nur zu einem geringen Teil in deutscher Sprache abgefaßt sind.

Viele davon sind geeignet, mit Hilfe ihres Textes und ihrer Abbildungen einen der wichtigsten Sammlergrundsätze zu unterstützen: Informiert sein und Bescheid wissen ist alles.

Gerade das Sammelgebiet der Armbanduhren ist überaus vielschichtig und diffizil. Hunderte unterschiedlicher Werkskaliber wurden im Laufe der Jahrzehnte allein in der Schweiz entwickelt und in Armbanduhren verschiedenster Marken verwendet. Deshalb besagt der Name auf dem Zifferblatt nicht unbedingt etwas über die Herkunft des Uhrwerks, welches im Gehäuse seinen Dienst versieht. Hier hilft mitunter

nur das Blättern in sog. Werksuchern, die von großen Ersatzteillieferanten (Fournituristen), z.B. Flume, Essen, herausgegeben wurden. Daneben gibt es ein breites Spektrum an Komplikationen, z.B. Chronographen, Kalender- oder Repetitionsschlagwerke, Wecker, Weltzeitanzeigen, sowie Indikationen, z.B. Datum, Tag, 24 Stunden, Gangreserve, Gehzeiten. Sie alle erfordern umfassende Kenntnisse, wenn man den Kauf eines Sammlerstückes nachher nicht bereuen möchte. Hinzu kommt die betrübliche Tatsache, daß der Armbanduhrenboom eine Vielzahl von Fälschungen und Mariagen (Kombination von Teilen unterschiedlicher, nicht durchgängig originaler Herkunft) hervorgebracht hat. (Vgl. das Kapitel »Fälschungen«.)
Der Erwerb solcher Objekte bringt häufig einen Wertverlust mit sich, da diese sich zumeist nur schwer und zudem mit finanziellen Einbußen wieder verkaufen lassen. Insofern kann sich die Anschaffung und Konsultation einschlägiger Bücher bereits bei einer einzigen Armbanduhr bezahlt machen.
Die extrem breite Fächerung des Angebots an Sammlerarmbanduhren erfordert ferner eine Reflexion und Entscheidung darüber, was man speziell sammeln möchte. Eine gezielte Sammlung kann sich z.B. auf Armbanduhren einer bestimmten Marke erstrecken. Sie kann aber auch bestimmte Komplikationen zum Gegenstand haben, z.B. automatische Aufzugssysteme, Chronographen, Chronometer, Wecker, Datums- und Kalenderuhren .... Des weiteren kann es durchaus interessant sein, sich ausschließlich mit Armbanduhren einer bestimmten Epoche zu beschäftigen, z.B. mit Modellen aus der Zeit bis 1930. Schließlich besitzt auch das Sammeln bestimmter Gehäuseformen seinen besonderen Reiz. Jede Spezialisierung bringt mit Sicherheit den großen Vorteil mit sich, daß man sich relativ bald einen Wissens- und Erfahrungsvorsprung aneignen kann. Dadurch vermag man eher einmal ein sog. »Schnäppchen« zu machen, als wenn man von allem jeweils nur ein wenig versteht.
Mit all jenem braucht man sich indessen nicht auseinanderzusetzen, wenn nur einige schöne, interessante und/oder praktische Armbanduhren zur Zierde des Handgelenks angeschafft werden sollen. Hier werden subjektive Empfindungen und spontane Kaufentscheidungen, z.B. aus einer Urlaubslaune heraus, wohl meistens den Ausschlag geben.
Bleibt als weiterer Punkt die Frage nach der Wertentwicklung von Armbanduhren, die vor allem für jene Käufer von Interesse ist, welche dieses Sammelgebiet (auch, primär) unter dem Gesichtspunkt der Geldanlage pflegen. Wie bei allen anderen Antiquitäten auch, wie bei Automobilen oder Immobilien regeln modische und ökonomische Entwicklungen, Zeitgeist-Strömungen, Einstellungen und Haltungen und damit verbunden letztendlich Angebot und Nachfrage das Preisniveau. Eine Garantie für eine kontinuierlich nach oben gerichtete Wertentwicklung kann und wird niemand geben. Deshalb ist dringend davon abzuraten, das Sammeln von Armbanduhren ausschließlich unter spekulativen Aspekten zu betreiben. Hier können sich rasch Frustrationen und Enttäuschungen einstellen. Beim Kauf von Armbanduhren sollte deshalb immer die Freude am Objekt im Vordergrund stehen. Dann läßt es sich leichter verschmerzen, wenn nach einiger Zeit der Wert nicht in dem Maße gestiegen ist, wie man sich das vielleicht erhofft hat, oder wenn gar ein Preisrückgang in Kauf genommen werden muß.
Auf einen kurzen Nenner gebracht, sollten die folgenden fünf Punkte beim Aufbau einer Armbanduhrensammlung bedacht und ggf. berücksichtigt werden:

1. Ein möglichst umfassendes Wissen ist dem Aufbau einer Sammlung oder dem Erwerb von Sammlerstücken in jedem Fall dienlich. Es hilft, Fehlkäufe und -investitionen zu vermeiden.

Dieses Wissen sollte sich sowohl auf technische und historische als auch auf merkantile Bereiche erstrecken. Speziell das Studium der Kataloge angesehener Auktionshäuser gibt einen guten Überblick über das Angebot und die preisliche Entwicklung von Armbanduhren. Die in den Katalogen angegebenen Schätzpreise bilden indessen nur einen groben Orientierungsrahmen. Ob Uhren zu diesen Preisen tatsächlich verkauft worden sind, kann man erst am Ende einer Auktion feststellen. Deshalb sind die von manchen Auktionshäusern publizierten Ergebnis-listen eine wichtige Ergänzung zu den entsprechenden Katalogen.
Viele Fachzeitschriften berichten ebenfalls über den Verlauf von Auktionen, über die daraus ableitbaren Trends sowie über die Resultate einzelner Lose.

2. Die Spezialisierung auf Teilbereiche eines umfassenden Sammelgebiets, wie es die Armbanduhren nun einmal sind, bringt den Vorteil detaillierterer Kenntnisse und Erfahrungen mit sich. Besondere Okkasionen werden so leichter erkannt; die Chancen, eine Rarität günstig erwerben zu können, sind größer, weil man um die wahren inneren Werte einer bestimmten Armbanduhr weiß.
Hilfreich in diesem Zusammenhang ist das Wissen um die von den verschiedenen Fabrikanten verwendeten Werkstypen. Ein bedeutender oder wohlbekannter Name auf dem Zifferblatt ist noch lange kein Indiz für ein eigenes Kaliber oder einen herausragenden Qualitätsstandard.
Die von vielen Krisen geschüttelten Uhrenfabrikanten in Amerika, Deutschland, der Schweiz und Frankreich mußten, um überleben zu können, zeitweise so manchen Kompromiß eingehen.
Auf jeden Fall aber wird man für eine Armbanduhr mit einem bekannten und begehrten Namen auf dem Zifferblatt wesentlich mehr zahlen müssen als für ein ähnliches Modell eines unbekannteren Herstellers, auch wenn im Inneren das gleiche Kaliber tickt.

3. Auf Dauer zahlt es sich in jedem Fall aus, auf einen guten Erhaltungszustand von Gehäuse, Zifferblatt und Werk zu achten. Der höhere Anschaffungspreis rechnet sich immer durch eine größere Wertkonstanz.
Wertsteigernd kann sich das Vorhandensein der Originalverpackung, des ursprünglichen Armbandes und der dazugehörigen Schließe auswirken. Luxus-uhren-Hersteller z.B. statten ihre Lederbanduhren häufig mit Schnallen aus, die aus dem gleichen Material hergestellt sind wie die Gehäuse. Dies war auch in früheren Zeiten schon so.
Kompromisse sollten allenfalls dann eingegangen werden, wenn es sich um den Erwerb eines besonders ausgefallenen und seltenen Stückes handelt, das in der Sammlung noch fehlt.
Deshalb sollte jede Armbanduhr vor dem Kauf genau unter die mitgebrachte Lupe genommen werden. Hilfreich kann ferner ein Schalenmesser zum Öffnen aufgesprengter Gehäuseböden sein. Bei verschraubten Böden ist man dagegen zumeist auf die Hilfe des Verkäufers oder aber eines Uhrmachers angewiesen.
Die meisten Uhrmacher gravieren, z.B. um ungerechtfertigten Mängelrügen vorzubeugen, nach Reparaturen in den Gehäuseboden ihr Zeichen, aus dem u.a. das Datum hervorgeht. Daher kann ein sorgfältiger Blick in den Gehäuseboden zumeist Aufschluß geben über den Lebensweg einer Armbanduhr.
Aber auch die Schraubenköpfe sind untrügerische Indizien für die Vergangenheit. Wird bei Reparaturen schlechtes Werkzeug verwendet oder schlampig gearbeitet, sind die Schraubenköpfe zumeist verkratzt und die Schlitze ausgefranst.

Sorgfältig sollten schließlich auch Zifferblatt und Zeiger in Augenschein genommen werden. Bei Email-Zifferblättern gilt es, auf Haarrisse oder abgesprungene Stellen zu achten. Strahlende Metall-Zifferblätter lassen nicht zwangsläufig auf einen perfekten Erhaltungszustand der gesamten Uhr schließen. Man kann solche Zifferblätter nämlich ohne weiteres auffrischen. Durch diesen Vorgang verlieren sie jedoch meistens ihre Originalität, auch wenn der Namenszug des Herstellers wieder angebracht wird. Deshalb ist es eine Glaubensfrage, ob man einem aufgefrischten Zifferblatt den Vorzug geben soll vor einem vielleicht verblaßten, aber absolut originalen. Ein Indiz für eine Auffrischung kann – muß aber nicht – das Fehlen des Schriftzuges »SWISS« oder »SWISS MADE« am unteren Rand des Zifferblattes sein. Die Verwendung desselben unterliegt nämlich rechtlichen Restriktionen. Gleiches gilt für die Verwendung von Markenzeichen. Manche Hersteller, z.B. Rolex, gehen mit aller Härte gegen die unautorisierte Benützung ihres Namenszuges vor. Inwieweit die bestehenden Verbote beachtet werden, hängt von der Seriosität der ausführenden Firmen ab.
Die Begutachtung der Zeiger einer Armbanduhr erfordert genauere Kenntnisse darüber, welche Zeigerformen traditionsgemäß für bestimmte Zifferblätter infrage kamen. Hier können alte Kataloge weiterhelfen. Leicht feststellbar ist jedoch, ob z.B. Stunden-, Minuten- und Sekundenzeiger formal zusammenpassen. Ein kritischer Blick auf die Spitzen kann falsche Zeiger dann entlarven, wenn diese z.B. durch Abzwicken auf das richtige Maß gebracht wurden oder längenmäßig in keinem Verhältnis zur Minuterie und den Stundenindexen stehen.

4. Beim Kauf von alten Armbanduhren sollte man sich – insbesondere als Einsteiger – daher nach Möglichkeit einem seriösen Händler oder Auktionshaus anvertrauen. Dafür sprechen verschiedene Gründe:

   - In der Regel erhält man bei guten Händlern eine Funktionsgarantie und nach derem Ablauf einen Reparaturservice. Dieser ist heute besonders wichtig, weil qualifizierte Uhrmacher, die speziell mit alten Armbanduhren richtig umgehen wollen und können, nicht leicht zu finden sind.

   - Ehrenwerte Händler sind zumeist bereit, ein Echtheitszertifikat auszustellen oder zumindest auf der Rechnung zu bescheinigen, daß sich die verkaufte Armbanduhr im Original-Zustand befindet. Sollte sich nach dem Kauf erweisen, daß es sich um eine Mariage oder eine Fälschung handelt, wird die Uhr selbstverständlich gegen Erstattung des Kaufpreises zurückgenommen.

   - Auch seriöse Auktionshäuser bieten derartige Serviceleistungen an. Trotzdem empfiehlt es sich, die kleingedruckten Versteigerungsbedingungen genau zu studieren. Dort finden sich Aussagen bezüglich der Zusicherung von Eigenschaften, des Rückgaberechts und der Mängelhaftung. Schwierig wird es immer, wenn man die Termine zur Vorbesichtigung nicht selber wahrnehmen kann. Hier ist eine sachkundige Vertrauensperson, die ein interessantes Objekt vor Ort eingehend begutachten kann, von großer Wichtigkeit. Die Angaben mancher Auktionshäuser im Hinblick auf den Erhaltungszustand von Werk und Gehäuse sind immer subjektiver Natur und müssen sich nicht zwangsläufig mit den persönlichen Vorstellungen und Ansprüchen decken.
     Gegen eine Gebühr, häufig zehn Prozent des Zuschlagpreises, sind manche Händler bereit, Uhren zu begutachten, eine wertmäßige Einschätzung abzugeben und in einem vorher festzulegenden preislichen Rahmen zu ersteigern.

- Viele Händler sichern zu, bei ihnen gekaufte Armbanduhren mindestens zum Einstandspreis wieder in Zahlung zu nehmen, wenn man später ein höherwertiges Objekt erwerben möchte.

Über diese und andere Garantie- und Serviceleistungen sollte man vor allem unbekannte Händler genau befragen. Diejenigen, welche von der Qualität ihres Warenangebots überzeugt sind, werden bereitwillig vernünftige Konditionen einräumen, denn zufriedene Kunden kommen wieder oder empfehlen weiter.

5. Spaß und Gefallen an einer Armbanduhr sollten beim Kauf immer Vorrang haben vor spekulativem Denken. Nur so bleibt die Freude erhalten, auch wenn sich, ganz egal aus welchen Gründen, die Zeiten einmal wieder ändern.

Aufbewahrung, Pflege und Reparaturen von Armbanduhren

Wichtig für den Erhalt einer Sammlung mechanischer Maschinen, um nichts anderes handelt es sich nämlich bei Armbanduhren, ist deren sorgsame Aufbewahrung und regelmäßige Pflege.
Hierzu gilt es folgendes zu beachten:

1. Armbanduhren sollten in einer möglichst trockenen und staubfreien Umgebung aufbewahrt werden. Die Gehäuse sollten so voneinander getrennt sein, daß sie nicht aneinander reiben oder scheuern können. Dies verursacht Schleifspuren und Kratzer. Direkter Sonnen- oder greller Lichteinfall ist zu vermeiden, weil vor allem die Zifferblätter und Zeiger darunter sehr leiden können.

2. Schon aus versicherungsrechtlichen Gründen sollten alle Uhren einer Sammlung sorgfältig archiviert werden. Dies bedeutet, daß man jede Armbanduhr fotografiert und ihre wichtigsten Daten (Hersteller, Jahr, Typ und Komplikationen, Werks-, Gehäuse- und Referenznummer, soweit bekannt und vorhanden, Gehäusematerial, Zustand, Kaufpreis und Verkäufer) schriftlich festhält.

3. Wird eine Armbanduhr nach dem Tragen für längere Zeit weggelegt, sollten das Gehäuse, insbesondere der Boden, sowie ein eventuell vorhandenes Metallband mit einem weichen »Selvyt«-Tuch sorgfältig abgewischt werden. Die unweigerlich vorhandenen Schweiß-, Schmutz- und Fettspuren schaden auf Dauer jedem Gehäusematerial.

4. Wasserdichte Gehäuse sollten nach längerem Liegen von einem entsprechend ausgestatteten Fachbetrieb auf ihre Dichtigkeit hin überprüft werden. Die verwendeten Dichtungsmaterialien (zumeist Gummi oder Kunststoffe) altern nämlich. So kann es passieren, daß vermeintlich wasserdichte Uhren den Sprung ins kühle Naß mit einem Wassereinbruch quittieren, der teure Reparaturen nach sich ziehen kann. Sollte ein derartiges Ereignis dennoch einmal eintreten, ist der unverzügliche Gang zum Uhrmacher angesagt. Wasser zeigt seine verheerende Wirkung auf Stahlteile innerhalb kürzester Zeit. Vom Rost befallene Oberflächen lassen sich nicht mehr vollkommen restaurieren. Es bleiben immer häßliche Rostnarben übrig.
   Nach der Benützung einer wasserdichten Uhr in Salzwasser ist ein Abspülen mit klarem Leitungswasser auf jeden Fall ratsam.

5. Die zur Schmierung der Lager und der Hemmung verwendeten Öle altern; auch dann, wenn Uhren längere Zeit ruhen. Dies kann sich u.a. daran zeigen, daß eine Uhr nach dem Aufziehen nicht mehr läuft. In diesem Fall ist das Öl verharzt, also fest geworden. Denkbar ist aber auch, daß sich das Öl verflüchtigte. Zwar geht die Uhr dann weiterhin, die Lager sind jedoch ohne Schmierung, was eine übermäßige Abnützung mit sich bringt.
   Deshalb gilt für mechanische Uhren die grundsätzliche Devise: Je regelmäßiger sie von einem qualifizierten Uhrmacher gewartet und gepflegt werden, desto länger ist ihre Lebensdauer. Als Faustregel sind bei Uhren, die kontinuierlich getragen werden, Wartungsintervalle von zwei bis drei Jahren angezeigt. Um dieses Verlangen zu untermauern, drängt sich der Vergleich mit einem Automobil förmlich auf: Für ein Auto, das durchschnittlich nur wenige Stunden/Tag fährt, wird vom Hersteller nach einer bestimmten Kilometerleistung oder mindestens einmal pro Jahr ein Ser-

vice mit Ölwechsel vorgeschrieben. Und fast jeder Besitzer hält sich, weil ihm sein fahrbarer Untersatz lieb und teuer ist, strikt an diese Weisungen. Im Gegensatz dazu leistet eine mechanische Uhr Schwerstarbeit. Sie versieht ihren Dienst 24 Stunden/Tag und 365 Tage/Jahr. Die Geschwindigkeit der Unruh entspricht der einer Lokomotive, die mit 90 Stundenkilometer über die Schienen rollt.

Trotz regelmäßiger Pflege kann es dennoch vorkommen, daß eine Armbanduhr, weshalb auch immer, ihren Dienst verweigert. Spätestens dann ist der Gang zum Uhrmacher unumgänglich. Um die Uhr nicht in einem schlimmeren Zustand zurückzubekommen, als man sie weggebracht hat, sollte man sich den Uhrmacher sorgfältig aussuchen. Dazu empfiehlt es sich, Freunde, Bekannte oder andere Sammler mit entsprechenden Erfahrungen zu konsultieren. Sonst kann es einem nämlich so ergehen wie einst Mark Twain, der in seiner Humoreske »Die Uhr« folgende Episode bei einem Uhrmacher schildert:

»... Während ich so dastand und dem Manne zusah, kam er mir plötzlich bekannt vor. Nein, ich irrte mich nicht – der Uhrmacher war ein früherer Dampfbootmaschinist, und zwar nicht einmal ein guter. Er betrachtete alle Teile sorgfältig, gerade wie die anderen Uhrmacher auch, und fällte dann seinen Urteilsspruch mit derselben Zuversicht.

Er sagte: ›Sie macht zuviel Dampf – wir müssen den verstellbaren Schraubenschlüssel an das Sicherheitsventil hängen!‹...

Mein Onkel William – Gott hab ihn selig! – pflegte zu sagen, ein gutes Pferd sei ein gutes Pferd, bis es einmal durchgegangen wäre, und eine gute Uhr eine gute Uhr, bis sie den Reparierern in die Hände fiele. Er zerbrach sich oftmals den Kopf, was denn eigentlich aus allen verdorbenen Kesselflickern, Büchsenmachern, Schustern, Grobschmieden und Maschinisten in der Welt schließlich würde – aber niemand konnte ihm je Auskunft geben.«

Und nicht ohne Grund bezeichnen auch Piloten die Stümper in ihren Reihen als Uhrmacher.

Doch damit soll der Stab nicht generell gebrochen werden über einer durchaus ehrenwerten Handwerkerschaft, die, wie andere auch, halt einige schwarze Schafe in ihren Reihen birgt. Gerade deswegen sind Referenzen und Empfehlungen von großer Wichtigkeit.

Welche Reparatur- und Servicearbeiten an mechanischen Uhrwerken prinzipiell durchgeführt werden können, zeigt die nachfolgende Zusammenstellung auf.

Dabei gilt es jedoch zu bedenken, daß alles, was über normale Reinigungsarbeiten hinausgeht, vielfach eine Frage der (noch) verfügbaren Ersatzteile ist. Freilich gibt es inzwischen wieder eine ganze Reihe hochqualifizierter Uhrmacher, die sich auf die Restaurierung alter Uhren spezialisiert haben. Viele davon können letztlich (fast) alle Teile wieder anfertigen und auch extreme Fehler beheben. Nachdem solche Unternehmungen jedoch zum allergrößten Teil aus kostspieliger Handarbeit bestehen, muß man bereits vorher den Wert einer Uhr abschätzen und diesen in eine vernünftige Relation zum Reparaturpreis setzen. Bei einer derartigen Entscheidung wird häufig die subjektive Einstellung zu einem Zeitmesser höher zu bewerten sein als ausschließlich objektive Kriterien.

1. Die Reinigung eines verschmutzten oder verharzten mechanischen Uhrwerks sowie die anschließende Regulierung dürften für einen halbwegs interessierten Uhrmacher keinerlei Schwierigkeit darstellen.
2. Problemlos sollten auch der Austausch einer abgerissenen Zugfeder, einer defekten Aufzugswelle samt Krone, einer gebrochenen Winkelhebelfeder, eines

Sperrkegels samt zugehöriger Feder zu bewerkstelligen sein. Diese Teile sind – zumindest für die gängigen Kaliber – bei guten Fournituristen oder den Service-Abteilungen der Uhrenfirmen in aller Regel sofort erhältlich.
Anders gestaltet sich die Angelegenheit hingegen bei sehr alten und/oder »exotischen« Kalibern. Bei diesen werden passende Ersatzteile nur noch in Ausnahmefällen zu finden sein. Deshalb müssen maßähnliche Teile angepaßt werden, was einem qualifizierten Service-Uhrmacher bei gutem Willen durchaus gelingen sollte.

3. Sorgenkinder besonderer Art sind bei alten Armbanduhren ohne Stoßsicherung die Unruhwellen. Deren dünne Zapfen brechen bei einem harten Stoß. Für gängige Kaliber gibt es die Unruhwellen wiederum als Ersatzteile zu kaufen. Die Anfertigung einer nicht direkt verfügbaren Unruhwelle erfordert von einem Uhrmacher indessen Erfahrung, Geschick sowie eine entsprechende Maschinen- und Werkzeugausstattung.
4. Bei anderen Teilen, z. B. von komplizierten Uhrwerken wie Chronogaphen, Weckern oder automatischen Aufzügen, läßt sich die Situation nicht generell einschätzen. Der gute Wille und die Beziehungen eines Uhrmachers zu seinem Fournituristen spielen in jedem Fall eine große Rolle.
5. Die Restaurierung (Auffrischung) von Zifferblättern wurde an anderer Stelle bereits diskutiert. Sie stellt in der Regel kein technisches Problem dar. Doch sollte ein derartiges Unternehmen vorher genau reflektiert werden. Es kann das Bild einer Uhr – das Zifferblatt macht immerhin rund 80 Prozent des Gesichtes einer Armbanduhr aus – total verändern und läßt sich nicht mehr rückgängig machen. Deshalb sollte es als Ultima ratio nur dann in Erwägung gezogen werden, wenn ein Zifferblatt völlig unansehnlich ist und alle vorsichtigen Reinigungsversuche fehlgeschlagen sind.
6. Zeiger lassen sich in aller Regel ersetzen, doch muß darauf geachtet werden, daß die neuen Zeiger stilistisch zum Zifferblatt und zum Gehäuse passen. Aber auch die Länge muß stimmen. Leuchtzeiger lassen sich durch das Auffüllen mit neuer Leuchtmasse relativ leicht restaurieren.
7. Kunststoffgläser verkratzen bei starker Beanspruchung einer Uhr sehr leicht. Sie sind in allen Größen liefer- und ersetzbar. Dies gilt auch für rechteckige, quadratische oder sonstwie geformte Gläser. Doch gab es gerade in der Anfangszeit der wasserdichten Uhren zum Teil abenteuerliche Gehäusekonstruktionen mit speziell darauf zugeschnittenen Plexigläsern. Inwieweit hier ein Ersatz möglich ist, läßt sich nicht generell feststellen.
Die bis in die vierziger Jahre hinein verwendeten Kristallgläser vekratzen zwar nicht, dafür brechen sie sehr leicht. Darauf spezialisierte Betriebe können diese – zu einem angemessenen Preis – auch dann stilgerecht ersetzen, wenn sie eine ausgefallene Form haben.
8. Schließlich können auch verkratzte Gehäuse von kundiger Hand wieder aufpoliert werden. Bei Gehäusen aus Edelmetall geht dies wesentlich leichter als bei solchen aus Stahl. Vergoldete, verchromte oder vernickelte Gehäuse können in einer galvanischen Anstalt eine neue Haut erhalten. Gerade bei diesen empfiehlt sich jedoch eine vorherige Politur, weil vorhandene Kratzer durch die galvanische Oberflächenveredelung nicht verschwinden.
Qualifizierte Gehäusemacher, Gold- oder Silberschmiede, können abgebrochene Bandanstöße oder defekte Scharniere auch heute noch reparieren – wenn sie wollen.

Damit ist das Kernproblem aller, sich außerhalb des üblichen Rahmens bewegenden Reparatur- und/oder Restaurierungsarbeiten bereits angesprochen. Es steckt im guten Willen der erforderlichen Handwerker. Ihn gilt es durch ein paar freundliche Worte zu wecken. Wenn dies dennoch nicht gelingt, bleibt nur der Weg zu einem oder mehreren anderen Handwerker(n). Der kann zwar lange und beschwerlich aber durchaus lohnend sein, wenn es sich um eine außergewöhnliche, wertvolle oder ganz einfach liebgewonnene Armbanduhr handelt. Zu früh aufgeben sollte man auf gar keinen Fall.

Fälschungen, Nachahmungen und Mariagen

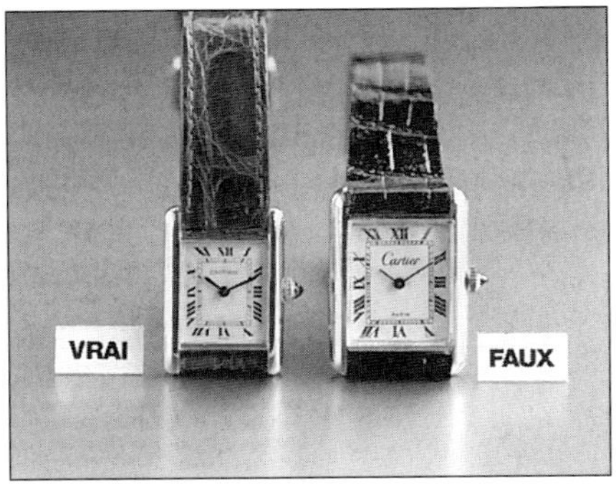

Vernichtung gefälschter Cartier-Armbanduhren, Basel 1985

Fälschungen sind im Prinzip so alt wie die Kunstgeschichte der Menschheit. Sie resultieren aus den Bestrebungen unrühmlicher Epigonen, sich im Glanze großer Meister und ihrer Werke zu sonnen. Doch hätte sich ihr plagiatorisches Wirken niemals zu voller Pracht entfalten können, gäbe es nicht eine Vielzahl von Menschen, die sich Originale aus verschiedensten Gründen nicht leisten können oder wollen, oder die, warum auch immer, nicht rechtzeitig zur Stelle waren.

Daran hat sich bis heute nicht das geringste geändert. Im Gegenteil: Fälschungen und Nachahmungen erfreuen sich speziell auf dem Gebiet der Luxusgüter einer immer größeren Beliebtheit. Und dieses Begehren fördert wiederum jene Industrie, welche die Nachfrage mit großer Freude befriedigt.

Seitdem sich die Luxus-Armbanduhren zu Prestigeobjekten erster Güte entwickelt haben, verzeichnen die Produktpiraten aus Fernost und Italien eine stetig steigende Konjunktur. Auch die Tatsache, daß die davon betroffenen Hersteller der Originale mit Verve versuchen, dem kriminellen Tun ein Ende zu bereiten, bewirkt nur wenig. Es ist ein Kampf gegen Windmühlen.

Gefälschte Armbanduhren vornehmlich der Marken Ebel, Cartier, Gucci, Movado oder Rolex überfluten den Markt. Sie sind wohlfeil in den Bauchläden fliegender Händler z. B. auf der Fifth Avenue in New York, auf den Straßenmärkten in Genua oder Neapel, in den Seitenstraßen von Kaulun oder Bangkok. Man kann sie aber auch in ganz normalen Geschäften erwerben, z. B. in Abu Dhabi oder Dubai. Das Angebot erstreckt sich indessen fast ausschließlich auf Modelle bekannter Marken mit hohem Wiedererkennungswert. Es ist gedacht für solche Zeitgenossen, die sich unter den Begriff »Mehrscheiner« subsumieren lassen. Auf Qualität verzichten sie gerne, wenn für vergleichsweise wenig Geld zumindest der Anschein eines Originales gewahrt bleibt.

Deshalb werden durch die Herstellung und den Verkauf derartiger Plagiate zumeist nur die eigentlichen Inhaber der Markenrechte geschädigt. Die Käufer bleiben dagegen nur in den seltensten Fällen im Unklaren darüber, was sie erwerben. Außerdem ist der Grad an Aufklärung bei den Verbrauchern zwischenzeitlich relativ hoch.

Von diesem Treiben sind die Sammler alter Armbanduhren allerdings nur in geringem Maße betroffen. Auf sie hat es eine ganz andere Kategorie von Plagiatoren abgesehen, deren Handeln durchaus als betrügerisch bezeichnet werden kann. Ihre Absicht besteht darin, entweder gesuchte Sammleruhren direkt nachzubauen oder mechanische Armbanduhren so zu manipulieren, daß sie sich hernach zu einem weit höheren Preis verkaufen lassen, als er im Originalzustand erzielbar gewesen wäre. Das Spektrum an Fälschungen ist mittlerweile so breit geworden, daß es gar nicht mehr lückenlos erfaßt und dargestellt werden kann. Schutz bieten im Grunde genommen nur Vorsicht, Skepsis und Zurückhaltung beim Kauf angeblicher Schnäppchen sowie der Gang zum seriösen Händler.

Besondere Aufmerksamkeit verdienen in diesem Zusammenhang letztlich alle gesuchten Modelle der bedeutenden Marken. Besonders betroffen vom Tun der Fälscher sind, um nur einige Namen und Modelle zu nennen,

1. die Prince (Duo-Dial) von Rolex. Nachdem das gleiche Kaliber von Aegler, Biel, auch für die Gruen Watch Co. hergestellt wurde, ist es relativ leicht, eine preiswerte Gruen in eine teure Rolex umzuwandeln. Dies gilt hauptsächlich für das gestreifte Goldmodell »Prince Brancard« oder die »Prince« mit einer springenden Stundenanzeige bei der »12«.

2. die frühen Automatik-Modelle von Rolex, in Sammlerkreisen Bubble-Backs genannt. Die Gehäuse erhalten verdeckte Bandanstöße und werden dadurch zu den gesuchten »hooded«-Modellen aufgewertet.

3. die Oyster-Chronographen von Rolex. Nachdem es in früheren Zeiten auch von der preiswerteren Untermarke »Tudor« entsprechende Chronographen gab, werden solche nun kurzerhand in die teuer bezahlten Rolex-Modelle umfrisiert. Dies geschieht hauptsächlich durch die Umarbeitung der Zifferblätter. Das Innere läßt sich hingegen vernachlässigen, da zum Öffnen eines fest verschlossenen Oyster-Gehäuses spezielles Werkzeug unumgänglich ist.

4. die »Cosmograph«-Modelle von Rolex mit Kalendarium und Mondphase. Durch die Hinzufügung entsprechender Schaltwerke sowie die Modifikation des Gehäuses werden aus normalen Oyster-Modellen der späten vierziger und frühen fünfziger Jahre »Cosmographen«.

5. die »Tank« von Cartier. Hier werden goldene Gehäuse schlichtweg nachgegossen, Zifferblätter gedruckt und auf mechanische Uhrwerke gesetzt.

6. Cartier-Uhren, die identisch sind mit den entsprechenden Modellen von Jaeger-LeCoultre. Der bloße Austausch des Namens auf dem Zifferblatt kann sich extrem preissteigernd auswirken.

7. die Referenz 2441 von Patek Philippe, »Eiffelturm« genannt. Sie gehört zu den besonders gesuchten und teuren rechteckigen Modellen der Manufaktur. Auch hier wird das Gehäuse nachgegossen. Um die Uhr zum Leben zu erwecken, wird ein vergleichsweise billiges Modell mit dem erforderlichen Formkaliber 9'''-90 ganz einfach ausgeschlachtet.
   Nachdem Patek Philippe über jede verkaufte Uhr genauestens Buch geführt hat und dies auch weiterhin tut, vermag die Anforderung eines Stammbuchauszuges den Schwindel relativ schnell aufzudecken.

8. verschiedene Modelle von Vacheron & Constantin. In ihnen tickten nach einem 1938 geschlossenen Kooperationsvertrag Werke von Jaeger-LeCoultre. Aber auch die Gehäuse waren weitgehend gleich. Die Unterschiede bestanden im Grad der Verfeinerung, welcher von Vacheron & Constantin zusätzlich geleistet wurde. Mutatis mutandis läßt sich vergleichsweise schnell aus einer Jaeger eine Vacheron machen. Wer sich nicht durch einen genauen Blick aufs Werk und ins Gehäuseinnere vorsieht, hat nach dem Kauf mit Sicherheit das Nachsehen.

Wesentlich leichter hat man es mit vielen unsensiblen Fälschungen alter Armbanduhren, die inzwischen gleichfalls auf dem Markt sind. Auch einem Sammler, der sich erst am Rande mit dem Thema Armbanduhren beschäftigt hat, sollte auffallen, daß es sich bei einer »Pateck Philippe« oder »Patek Philip« signierten Uhr wohl kaum um ein Original-Modell handeln kann. Auch die Signatur »Patek-Philippe« mit einem Bindestrich wurde niemals verwendet. Das Vorhandensein einer solchen sollte auf jeden Fall Skepsis hervorrufen. Besonders gut meinten es jene Zeitgenossen, die namenlose Modelle in solche mit der Aufschrift »Rolex Patek« umwandelten. Schließlich ist auch das bloße Aufdrucken eines bedeutenden Namens auf das Zifferblatt einer billigen Uhr nur als plumper Versuch zu werten, Unkundigen und Unbedarften ihr Geld aus der Tasche zu ziehen.
Hingegen muß es sich nicht zwangsläufig um eine Fälschung handeln, wenn z.B. bei Armbanduhren von Audemars Piguet zwar auf dem Zifferblatt und dem Werk je-

weils eine namentliche Signatur zu finden ist, diese im Gehäuse dagegen fehlt. Dabei kann für fertige Uhren es sich durchaus um eine originale Armbanduhr handeln. Um die hohen Einfuhrzölle zu umgehen, lieferten viele der namhaften schweizerischen Uhrenfirmen bis in die fünfziger Jahre nur die Werke samt Zifferblättern, z.B. in die Vereinigten Staaten von Amerika. Dort wurden die Gehäuse auf der Grundlage der Original-Entwürfe angefertigt sowie die Regulierung und die Einschalung vorgenommen. Im Zweifel kann auch hier eine Rückfrage beim Hersteller durchaus hilfreich sein.

Des weiteren verlangten noch während der ersten Jahrzehnte unseres Jahrhunderts bedeutende Juweliere, z.B. Tiffany, Gübelin, Golay Fils & Stahl oder Bailey, Banks & Biddle von ihren Lieferanten, zu denen die bedeutendsten Uhrenmanufakturen der Schweiz zählten, daß deren Name weder auf dem Zifferblatt noch auf dem Werk erscheinen dürfe. Nur die Verkäufersignatur war zulässig. Ins Auge stechen sollte beim Auffinden einer derartigen Armbanduhr sofort die hohe Qualität des Werks und des Zifferblattes. Der Erwerb eines solchen Stückes zu einem interessanten Preis kann sich später durchaus als Glückskauf erweisen.

Weniger um Fälschungen als um sog. Mariagen dürfte es sich schließlich bei jenen Armbanduhren handeln, die aus einem alten Werk und einem neuen Gehäuse zusammengefügt sind. Zu solchen Mariagen kommt es vor allem dadurch, daß in schlechten Zeiten Edelmetallgehäuse eingeschmolzen wurden, um vom finanziellen Erlös Lebensmittel kaufen zu können. Die übriggebliebenen, teilweise sehr hochwertigen Werke wurden später mit neuen Gehäusen versehen. Sofern die Kunden klar über diesen Sachverhalt informiert werden, ist dagegen grundsätzlich nichts einzuwenden. Zu bedenken ist beim Kauf solcher Mariagen freilich, daß ihr Preis immer erheblich unter dem von Original-Modellen liegen wird und sie sich nur schwer weiterverkaufen lassen. Zu spekulativen Zwecken eignen sie sich deshalb nur sehr bedingt.

Sammler-Armbanduhren und ihre Preise

Ein wesentlicher Aspekt, warum die alten Armbanduhren in den zurückliegenden zehn Jahren immer wieder für Furore sorgten, ist in der gewaltigen Preisexplosion zu sehen. Diese betraf grundsätzlich zwar das gesamte Spektrum an Modellen, doch waren es vor allem Erzeugnisse herausragender Marken, z.B. Cartier, Patek Philippe und Rolex, die durch eine spektakuläre Preisentwicklung im Rahmen des Auktionsgeschäftes und Handels besonders von sich reden machten. Deren z.T. steil nach oben gerichtete preisliche Tendenz förderte (mehr oder minder stark) auch den Bekanntheitsgrad der Uhren anderer Marken und im Zuge dessen die Nachfrage sowie die Preise.
Die stürmische Preisentwicklung bei den Armbanduhren muß deshalb, um wirklich verständlich zu werden, einer Betrachtung aus verschiedenen Blickwinkeln heraus unterzogen werden:
Im Gegensatz zu den Sammlern von Taschen- und Großuhren, denen im allgemeinen eine mehr innere Freude an ihrem Sammelgebiet, ein vertieftes Wissen und ein sehr sammlungsorientiertes Kaufverhalten nachgesagt wird, stellen die Liebhaber von Armbanduhren eine sehr heterogene Population dar:

- Da sind zum einen die Sammler im wahrsten Sinne des Wortes. Sie kennen sich genau aus in ihrem Sammelgebiet und informieren sich laufend in der einschlägigen Literatur. Ihre Einkäufe erfolgen zumeist sehr preisbewußt; d.h. sie sind in aller Regel nicht bereit, jede erdenkliche Summe für ein noch fehlendes Stück zu bezahlen. Mit ihrer Sammlung gehen sie eher zurückhaltend um; nur gute Bekannte bekommen sie zu sehen. Zum täglichen Tragen gibt es spezielle Armbanduhren, während die reinen Sammlerstücke eher zum Anschauen, sich daran Erfreuen und zum Tragen an ausgesuchten Tagen bestimmt sind.

- Zum anderen gibt es die illustre Schar von Liebhabern weniger, dafür jedoch sehr erlesener Stücke mit besonderem Renommee. Sie legen in erster Linie Wert auf Armbanduhren mit großen Namen und/oder auffälligem Äußeren, weil sie damit ihr Handgelenk bewußt zieren wollen. Um an ihre Wunschstücke zu gelangen, sind sie durchaus bereit, auch größere, teilweise erheblich über die Schätzpreise hinausgehende Summen zu investieren. Ihr Kaufverhalten ist häufig von Emotionen bestimmt, weil sie z.B. ein bestimmtes Detail einer Armbanduhr wegen seiner Seltenheit oder seiner faszinierenden Ausstrahlung reizt. Ihnen macht es, auch wenn es irrational erscheinen mag, nichts aus, z.B. für ein (selteneres) Modell mit schwarzem Zifferblatt wesentlich mehr zu bezahlen als für das gleiche, jedoch häufigere Modell mit weißem Zifferblatt – beide natürlich vom selben Hersteller stammend.
  Dieser Käuferkreis ist zudem meistens modeorientiert. Dies bedeutet, daß er sich gerne auf Marken und/oder Modelle stürzt, die gerade »in« sind. Ein solches Kaufverhalten läßt die Preise rasch steigen. Doch hängen diese Menschen in der Regel dann auch stark an ihren Armbanduhren und veräußern sie nur in zwingenden Fällen wieder. Sie beschäftigen sich literarisch im allgemeinen soweit mit ihrer Liebhaberei, daß sie im großen und ganzen Bescheid wissen über die von ihnen favorisierten Marken und Modelle.

- Schließlich tummelt sich im Dunstkreis der Armbanduhrenszene eine Vielzahl von Spekulanten. Ihnen sind großartige geschichtliche, technische und handwerkliche

Leistungen völlig egal. Armbanduhren bedeuten ihnen nicht mehr als ein möglichst schnelles und sicheres Geschäft. Deshalb kaufen sie primär gängige Marken sowie gesuchte Modelle und versuchen, diese baldmöglichst wieder gewinnbringend loszuwerden. In den Katalogen der großen Auktionshäuser finden sich regelmäßig Armbanduhren, die innerhalb relativ kurzer Zeit mehrfach auf den Markt geworfen werden. Dies läßt sich anhand der abgedruckten Seriennummern eindeutig belegen. In den Jahren bis 1989 war dieses spekulative Handeln meistens von wenig Risiko begleitet, waren Gewinne von 100 Prozent und mehr innerhalb von sechs Monaten keine Seltenheit.

Geld spielt, wenn nur ein gutes Geschäft gewittert wird, beim Ankauf keine übergeordnete Rolle. Das Wissen solcher Spekulanten um die von ihnen gehandelte Ware beschränkt sich in der Regel auf Argumente, die zum Weiterverkauf vonnöten sind.

Die Grenzen zwischen den genannten Primärgruppen sind, wie überall, natürlich fließend. Doch führt gerade diese schillernde Szenerie dazu, daß sich die Preisgestaltung auf dem Sektor der alten Armbanduhren überaus schwierig und teilweise sehr irrational darstellt. Konkret bewert- und einschätzbare Faktoren wie Komplikation, Qualität in der handwerklichen Ausführung oder das Alter einer Uhr treten teilweise zurück hinter Aspekte wie Seltenheit, Herkunft, Aussehen und/oder Originalität. In diesem Zusammenhang spielt die Tatsache, daß sich die Armbanduhr in bestimmten Kreisen zu einem trefflichen Statussymbol entwickelt hat, eine nicht zu unterschätzende Rolle. Die Chance, mit einer bestimmten Armbanduhr besonders aufzufallen, auf sie hin angesprochen und ihretwegen beneidet zu werden, ist mitunter sehr verlockend. Natürlich wirkt sich dies auf den Preis aus.

Auf der anderen Seite sind eher unscheinbar wirkende Armbanduhren bester Herkunft, Qualität und Kondition vielfach extrem unterbewertet, nach dem Motto »was nichts hermacht, kann auch nichts sein.«

Deshalb sind die späteren Hinweise auf die Preisgestaltung nur als Versuch zu werten, den Markt ein wenig zu durchleuchten. Sie können und dürfen nicht als Dogmen verstanden werden. Dazu ist das Marktgeschehen, wie bereits erwähnt, ganz einfach zu irrational. Wenn der Bauch den Preis diktiert, bleibt die Ratio auf der Strecke. Deshalb ist höchste Vorsicht vor allem dann angesagt, wenn Armbanduhren primär in der Hoffnung auf einen möglichst schnellen und großen Wertzuwachs gekauft werden sollen.

Gerade das Sammeln von und die Leidenschaft für Armbanduhren ist in hohem Maße beeinflußt von modischen und konjunkturellen Entwicklungen. Und wenn der finanzielle Schuh irgendwo zu drücken beginnt, wird mit Sicherheit dort gespart, wo es am wenigsten weh tut. Dazu gehören auch die Armbanduhren; denn im Grunde genommen reicht eine schon aus, um die Zeit zu bewahren. Eine zweite zum Wechseln schadet nicht, und eine dritte ist sehr schön.

Panikartike Verkäufe in derartigen Situationen können innerhalb kurzer Zeit zu einem Verfall der Preise führen. Dies hat sich in den Jahren 1990, 1991 und 1992 bei verschiedenen, total überbewerteten Luxusarmbanduhren, namentlich solcher von Patek Philippe gezeigt. Nach einem beispiellosen Boom, der im 150jährigen Firmenjubiläum und einer vom Genfer Auktionshaus Habsburg, Feldman (heute Antiquorum) durchgeführten Spezial-Auktion mit sensationellen Resultaten gipfelte, begannen die Preise zu bröckeln. Der Grund ist auch darin zu sehen, daß viele der Uhren in der Preisklasse über 100.000 Schweizer Franken spekulativ erworben und/oder mit Risikokapital finanziert wurden. Diese These läßt sich dadurch unter-

mauern, daß ein Teil davon, was sich zweifelsfrei anhand der Seriennummern ermitteln läßt, in den folgenden Top-Auktionen in Basel, Genf und New York wieder angeboten wurde. Sofern sie dort überhaupt einem Käufer zugeschlagen werden konnten, lag ihr Preis erheblich unter dem Einstand. Denn zu bedenken gilt es gerade im Auktionsgeschäft, daß der Versteigerer sowohl vom Käufer als auch vom Verkäufer eine Provision erhebt. Diese ist von Auktionshaus zu Auktionhaus verschieden, bewegt sich aber durchschnittlich in einer Größenordnung von jeweils 10 Prozent.
Zum Beispiel kostete die Weltzeituhr von Patek Philippe, Referenz 1415, mit der Werksnummer 929 572 bei besagter Auktion (alle Preisangaben inklusive Aufgeld) rund 244.000 Schweizer Franken. Ein Jahr später, am 21. April 1990 konnte sie bei einer Versteigerung in Basel nur noch für 170.000 Schweizer Franken unter Vorbehalt zugeschlagen werden, was dem Verkäufer aus verständlichen Gründen zu wenig war. Im Jahre 1985 war das gleiche Modell für 22.500, zwei Jahre später für rund 63.000 und nochmal ein Jahr später, 1988, für 82.500 Schweizer Franken erhältlich. Am 21. April 1992 mußten für eine Referenz 1415 mit der Nummer 962 773 in Genf 110.000 Schweizer Franken, und für diejenige mit der Nummer 964 806 lediglich 93.500 Franken investiert werden.
Eine Referenz 1526 von Patek Philippe, Armbanduhr mit brillantbesetztem Zifferblatt, Handaufzugswerk, kleiner Sekunde und ewigem Kalender, mit der Nummer 967 652 kostete am 14.10.90 noch 121.000 Schweizer Franken. Am 21.04.92 wurde sie anläßlich einer Auktion für 50.000 Franken zugeschlagen. Inklusive Aufgeld ergibt sich somit ein Preis von 55.000 Schweizer Franken. Zu Beginn der achtziger Jahre lag das Preisniveau dieses Modells bei rund 25.000 Schweizer Franken.
Die Preisentwicklung eines weiteren herausragenden Armbanduhren-Modells zeigt die folgende Kurve:

Patek Philippe Referenz 1518

Preisentwicklung bei Genfer Auktionen in Tsd. SFr. von 1982 bis 1992

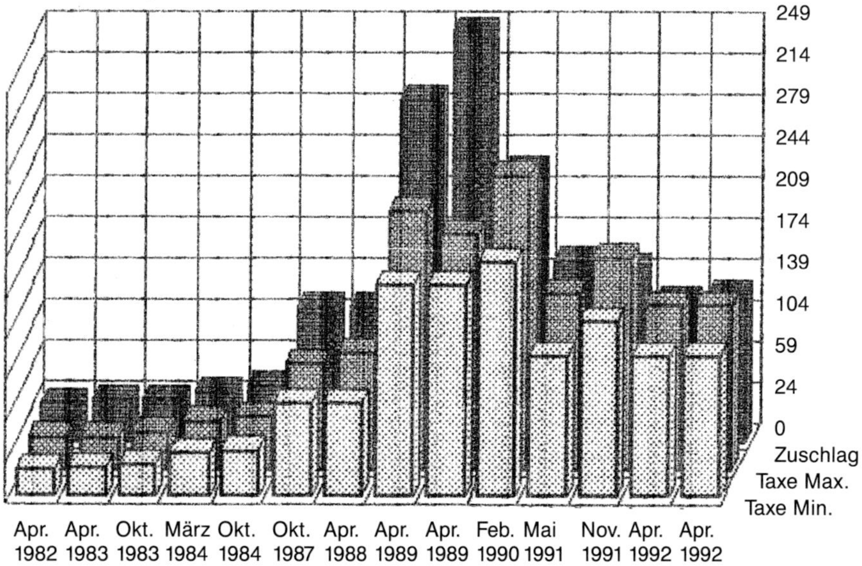

Im Gegensatz zu den hochpreisigen Status-Armbanduhren sind die Preise für Sammler-Armbanduhren nach einem Anstieg bis 1990 zumindest weitgehend konstant geblieben.
So liegt seit dieser Zeit z.B. eines der gesuchten Chronographen-Modelle von Breitling, der »Premier« mit Stahlgehäuse seit drei Jahren bei rund DM 1.000,–,
der »Tri Compax« von Universal mit Stahlgehäuse hat sich bei rund DM 2.500,– eingependelt,
die sog. »Oyster Perpetual Bubble Back« rangiert in Stahl bei rund DM 2.000,–,
die »Spaceview« von Bulova mit Stimmgabelwerk bei DM 500,–
und die »Futurematic« von Jaeger-LeCoultre im 10 Kt. goldfilled Gehäuse bei etwa DM 800,–.
Die Kult-Uhr von IWC, die sog. »Mark XI« hat dagegen ihren Preisanstieg fortsetzen können. Um 1985 konnte man sie in stillen Auktionen noch für rund DM 150,– erwerben. Inzwischen beträgt der Preis DM 2.500,– bis DM 3.000,–.

Aus allem lassen sich kurz gefaßt folgende Schlüsse ziehen:

1. Der Zustand spielt für den Werterhalt einer Armbanduhr eine entscheidende Rolle; deshalb sollte darauf genau geachtet werden. Bei einem eventuellen Wiederverkauf werden von einem Kaufinteressenten Mängel als erstes ins Feld geführt und als Argument für einen Preisabschlag geltend gemacht.

2. Das Material ist nicht in jedem Fall ausschlaggebend für den Preis. Sofern bei einem bestimmten Modell z.B. die stählerne Version seltener ist als die goldene, kann die Ausführung mit Stahlgehäuse durchaus teurer sein.

3. In Europa werden (vor allem angelötete) Goldbänder kaum bewertet. Im Gegenteil, diese können sich sogar negativ auf den Wiederverkaufspreis auswirken. Deshalb sollte man zu solchen Goldbanduhren möglichst nur dann greifen, wenn man persönlichen Spaß daran hat.

4. Das Gleiche gilt für Armbanduhren mit brillantbesetzten Zifferblättern. Solche sind nur bei bestimmten Uhren, z.B. rechteckigen Art-Déco-Modellen für den amerikanischen Markt, bestimmten Rolex-Uhren oder Schmuckuhren für Damen gesucht. Bei klassischen Uhren wirken sie sich dagegen nur in den seltensten Fällen preissteigernd aus.

5. Zifferblätter prägen das Gesicht einer Uhr. Deshalb werden Zifferblätter umgestaltet, um den Wert einer Uhr zu steigern. Aus diesem Grund sollte man sich die Zifferblätter genau anschauen. Zudem sollte man sich von Phantasiebezeichnungen auf den Zifferblättern beim Kauf nicht beeinflussen lassen. Wie Papier sind auch Zifferblätter geduldig.

6. Armbanduhren unterliegen der Mode. Deshalb können die Preise für bestimmte Modelle sehr rasch verfallen, wenn sich die Mode wandelt. Dies hat sich z.B. gezeigt bei den Armbanduhren mit Mondphasenanzeige.

7. Sog. »Konfirmationsuhren«, auch solche mit massiven Goldgehäusen konnten in der Gunst der Sammler noch nie an Bedeutung gewinnen.

8. Die Preise für Armbanduhren sind im allgemeinen von Land zu Land unterschiedlich. Dies hängt zusammen mit dem Bekanntheitsgrad von Marken, mit individuellen Vorlieben sowie mit dem Grad der Verbreitung, welchen bestimmte Modelle im jeweiligen Land erreichen konnten.

9. Manche Marken sind chronisch unterbewertet, während andere aufgrund verschiedenster Faktoren in aller Munde und ihre Uhren deshalb relativ teuer sind. Mit dem Kauf von Armbanduhren der »In«-Marken kann daher ein höheres »Kurs«-Risiko verbunden sein.

Anmerkung zu den Preisangaben im Bildteil:

Bei den Preisangaben handelt es sich um sorgfältig recherchierte Summen. Die relativ großen Preisspannen resultieren aus folgenden Gegebenheiten:

1. Die Preise sind stark abhängig vom Zustand einer Armbanduhr. Gebrauchsspuren, Beschädigungen, nicht originale Gehäuse, Zifferblätter und Zeiger führen in aller Regel zu Preisabschlägen. Ein neuwertiger Erhaltungszustand, das Vorhandensein der Originalschachtel und -papiere kann den Preis erhöhen.

2. Viele Modelle gab es in unterschiedlichen Gehäuse-, Zifferblatt- und Zeigerausführungen. Diese können die Preise sehr stark beeinflussen.

3. Zwischen den Auktionspreisen, den Ankaufs- und Verkaufspreisen des Handels liegen naturgemäß große Unterschiede. Der Handel deckt sich vielfach, wie Endverbraucher auch, bei Auktionsverkäufen ein und benötigt beim Weiterverkauf seine Handelsspanne. Gleiches gilt auch für die Differenz zwischen dem Preis, welchen man beim Verkauf einer Armbanduhr an einen Händler erlösen kann, und demjenigen, welchen man für dieselbe Uhr später bezahlen muß.

Allgemeine Hinweise für Armbanduhrensammler

Auktionshäuser

Die wichtigsten Auktionshäuser, welche in ihrem Angebot auch Armbanduhren in größerem Umfang führen, sind nachfolgend in alphabetischer Reihenfolge zusammengestellt.
Daneben gibt es jedoch eine Reihe von Auktionshäusern, die anläßlich allgemeiner Kunstauktionen auch Armbanduhren anbieten.
Informationen über Auktionstermine und -orte lassen sich den Tageszeitungen oder auch den einschlägigen Fachzeitschriften entnehmen.
Katalog-Abonnements erfolgen über die genannten Adressen. Manche Auktionshäuser versenden an Abonnenten und/oder Bieter im Anschluß an die Versteigerungen Ergebnislisten.

Antiquorum Auctioneers
1, rue du Mont-Blanc, CH-1202 Genf
Auktionen hauptsächlich in Genf und Hongkong

Christie's International
8 King Street, St. James's, London SW 1 Y 6QT
Auktionen hauptsächlich in Genf, London und New York

Dr. Crott & K. Schmelzer
Pontstr. 21, 5100 Aachen
Auktionen zumeist in Frankfurt a. Main

Henry's Auktionen
An der Fohlenweide 30, 6704 Mutterstadt
Auktionen (Schmuck und Uhren) am oben angegebenen Ort; auch preisgünstige Sammlerarmbanduhren

Auktionshaus Peter Ineichen
Badenerstr. 71, 8026 Zürich
Auktionen in Zürich

Auktionshaus P. Michael Kegelmann
Saalgasse 3, 6000 Frankfurt/Main
Auktionen in Frankfurt am Main

Auktionshaus Peter Klöter
Schloß Dätzingen, 7043 Grafenau 2 (bei Sindelfingen)
Auktionen am oben angegebenen Ort; auch preisgünstige Sammlerarmbanduhren

Auktionshaus Gisbert A. Joséph
Bahner 80, 4050 Mönchengladbach 2
Auktionen vornehmlich in Düsseldorf; viele preisgünstige Sammlerarmbanduhren im Angebot

Phillips
101 New Bond Street, London W1Y 0AS
Auktionen vor allem im United Kingdom

Sotheby's
1334 York Avenue, New York, NY 10021
Uhrenauktionen vornehmlich in Genf, London, New York

Queen's Auktionshaus
Landsberger Str. 146, 8000 München 2
Auktionen am oben angegebenen Ort; neben Schmuck auch preisgünstige Sammlerarmbanduhren im Angebot

Uhrenbörsen

Seit geraumer Zeit wurden Uhrenbörsen zu einer Standardeinrichtung im Bereich der Vermarktung alter Uhren (Armband-, Taschen- und Großuhren), einschlägiger Literatur und Werkzeuge.
Sie finden oft mehrmals jährlich, mittlerweile an so vielen Orten, statt, daß eine lückenlose Auflistung nicht möglich, aber auch nicht sinnvoll ist, da von einer echten Kontinuität bestimmter Börsen nicht die Rede sein kann. Das Studium der Tagespresse ist deshalb unerläßlich. Aber auch die Fachzeitschriften informieren in ihren Terminkalendern oder durch Inserate über die verschiedenen Uhrenbörsen.
Über die Neuheiten auf dem Sektor der Armbanduhren kann man sich anläßlich der jährlich im April in den Hallen der Basler Mustermesse stattfindenden »Europäischen Uhren- und Schmuckmesse« umfassend informieren. Der jeweilige Termin wird in den einschlägigen Fachzeitschriften bekanntgegeben.

Museen

Siehe Christian Pfeiffer-Belli/Christoffer B. Konrad: Uhrenmuseen und Sammlungen historischer Zeitmesser, München 1992.

Es ist bedauerlich, aber ein eigenes Armbanduhren-Museum gibt es bislang noch nicht. Doch Armbanduhren werden bereits in verschiedenen Museen im Rahmen allgemeiner Uhrensammlungen gezeigt. Auch hier ist eine lückenlose Aufzählung nicht möglich. Nachfolgend sind jedoch einige wichtige Uhrenmuseen zusammengestellt:

Deutschland:

Deutsches Museum, Uhrenabteilung
München

Uhrenmuseum
Furtwangen im Schwarzwald
(interessante Armbanduhrensammlung)

Wuppertaler Uhrenmuseum
Wuppertal-Elberfeld

Schweiz:

Internationales Uhrenmuseum
La Chaux-de-Fonds
Uhrenmuseum »Château des Monts«
Le Locle
(u.a. Sammlung zur Entwicklung des automatischen Aufzugs)

Uhrenmuseum
Genf

Museum der Zeitmessung im Uhrengeschäft Beyer
Bahnhofstraße
Zürich

sowie verschiedene firmeneigene Museen der Uhrenfabrikanten, wie z.B. Longines, Omega, Patek Philippe oder Rolex (fernmündliche Voranmeldung in jedem Fall erforderlich!)

Österreich:
Uhrenmuseum der Stadt
Wien

Fachzeitschriften

Diese bieten einen recht guten Überblick über das Marktgeschehen im Bereich der alten und neuen (Armband-) Uhren, bringen Auktionsvor- und -nachberichte, Terminkalender und informieren in Artikeln über Uhrengeschichte und -technik.
Eine Auswahl von Magazinen

in deutscher Sprache:

Chronos
Ebner Verlag, Karlstr. 41, 7900 Ulm
(am Kiosk erhältlich, 6 Hefte/Jahr)

Uhren
Journal für Sammler klassischer Zeitmesser
Callwey Verlag, Streitfeldstr. 35, 8000 München 80
(nur im Abonnement erhältlich, 6 Hefte/Jahr)

Uhren Magazin
Bürgermeister-Spitta-Allee 3a, 2800 Bremen 41
(am Kiosk erhältlich, 10 Hefte/Jahr)

Schweizer Uhren und Schmuck Journal
Offizielles Organ der Europ. Uhren- und Schmuckmesse, Basel
Scriptar S.A., Postfach, 1093 La Conversion/Lausanne
(Abonnement, 6 Hefte/Jahr)

in italienischer Sprache:

Orologi
Technimedia, via Carlo Perrier 9, 00157 Rom
(an Bahnhofskiosken erhältlich, 12 Hefte/Jahr)

Orologi da Polso
Edizioni Studio Zeta, via S. Fruttuoso 10, 20052 Monza
(in Deutschland nur Abo, 6 Hefte/Jahr)

Orologi e non solo
Promoservice, via G.G.Porro 8, 00197 Rom
(in Deutschland nur Abo, 12 Hefte/Jahr)

Literatur

Barracca, J., Negretti, G., Nencini, F.: Armbanduhren – Die schönsten Sammlerstücke; München 1988
dies.: Le Temps de Cartier; München 1989
Becker, K.E.: Uhren, Battenberg Antiquitäten-Katalog; Augsburg 1991
Berner, G.A.: Dictionaire Professionnel Illustré de l'Horlogerie, La Chaux-de-Fonds 1961
Brunner, Gisbert L.: Armbanduhren der Fabrikations- und Handelsmarke »Andreas Huber« München; in: Uhren, Heft 1/1982, S. 43 – 50
ders.: Mechanische Armbandchronometer aus der Manufaktur von Junghans in Schramberg; in: Alte Uhren, Heft 4/1982, S. 312 – 320
ders.: Die Stundenwinkel-Armbanduhr Typ »Lindbergh« von Longines; in: Uhren, Heft 2/1983, S. 128 – 131
ders. und Sinn, H.: Beobachtungsarmbanduhren – ein Vergleich; in: Uhren, Heft 3/1983, S. 243 – 246
ders.: Armbanduhren mit ewigem Kalender; in: Uhren Heft 4/1985, S. 41 – 61
ders.: Armbanduhren mit Repetitionsschlagwerk; in: Uhren, Heft 2/1985 S. 65 – 79 und Heft 3/1985, S. 50 – 58
ders.: Audemars Piguet – Manufacture d'Horlogerie; in: Uhren, 1986, Heft 4, S. 9 – 40
ders.: Breitling – Geschichte einer Uhrenmarke; in: Uhren, Heft 3/1987, S. 7 – 8
ders.: Der Driva – Repeater; in: Uhren, Heft 3/1987, S. 68 – 69
ders.: Blancpain – Uhrmacherei mit 250jähriger Tradition; in: Uhren, 1988, Heft 1, S. 9 – 28
ders.: The Golden Age of the Wristwatches; in: Éclat international, Heft 17, Paris 1988, S. 106 – 109
ders.: Uhren mit Seele; in: Lui, Heft 12/1988, S. 48 – 51
ders.: Goldene Zeiten für Zeitmesser am Handgelenk; in: Uhren, Heft 5/1989, S. 45 – 54
ders.: Zur Geschichte der Chronographen; in: Die schönsten Uhren, Ausgabe 1990, S. 58 – 63
ders.: Zeitgemäße Chronographen; in: Der Mann Magazin, Nr. 1/1991, S. 50 – 55
ders.: Cosmopolitisch: Weltzeituhren; in: Der Mann Magazin, Nr. 2/1991, S. 76 – 78
ders.: Die absolute Uhr – Triumph der Mechanik; in: New Mag, Nr. 4/1991, S. 74 – 82
ders.: Objekte der Begierde – limitierte Armbanduhren; in: Diners Club Magazin, Nr. 8/1991
ders.: Die Zeit in ihrer schönsten Form: Armbanduhren; in: Exklusiv Journal, Heft 4/1991, S. 44 – 57
ders.: Eterna – 135 Jahre Präzisionsuhrmacherei; in: Uhren, Heft 5/1991, S. 33 – 48 und 6/91, S. 9 – 24
ders.: Les montres Hermès; in: Uhren, Juwelen, Schmuck Nr. 4/1991, S. 22 – 26
ders.: Das mechanische Uhrwerk – ein wunderbarer Mikrokosmos; in: Die schönsten Uhren, Ausgabe 1991, S. 96 – 105
ders.: Armbanduhren – Vom ersten Chronometer am Handgelenk zum begehrten Sammlerstück, Taschenbuch, München 1990
ders. und Pfeiffer-Belli, Christian: Die Schweizer Armbanduhr, München 1990
ders. und Wehrli, Martin: Audemars Piguet, München 1992

Carrera, Roland: Swatchissimo, Genf 1991

Chaponnière, M.H.: Le Chronographe et ses applications; Biel und Besançon 1924

Château des Monts, Musée d'Horlogerie (Hg.): Horamatic – Montres à remontage automatique de 1770 à 1978; Le Locle o.J.

Coboilli Gigli, N., Grazzini, G., Gregato, G.: Orologi – Storia, Costume, Collezionismo dell'Orologio da Polso; Mailand 1986

De Carle, Donald: Watch & Clock Encyclopedia; Reprint, New York 1977

Ehrhardt, S.u.R.,De Mesy: Wristwatches, Price Guide; Umatilla, USA

Faber, E., Unger, St., zus. mit Blauer, E.: Amerikanische Armbanduhren; München 1989

Flume, Rudolf (Hg.): Der Flume-Kleinuhr-Schlüssel K 2; Berlin und Essen 1963

ders.: Der Flume-Kleinuhr-Schlüssel K 3; Berlin und Essen, 1972

Fritz, Manfred: Reverso – die Legende lebt, Heidelberg 1992

Gordon, George: Rolex; Hongkong 1989

Haider, R., Jacobs,O., Zimmermann, A.: Mechanische Armbandstoppuhren – Chronographen; Wien 1988

Hampel, Heinz: Automatic-Armbanduhren aus der Schweiz; München 1992

Harwood, John: Die Geschichte der automatischen Armbanduhr, erzählt von ihrem Erfinder; in: Schweizerische Uhrmacherzeitung, 1951, Heft 11, S. 31 – 34

Herkner, Kurt: Glashütte und seine Uhren; Dormagen 1978

ders.: Die Glashütter Armbanduhren bis 1945 von A. Lange & Söhne; in: Schriften der Freunde Alter Uhren, Ulm 1981, Heft XX, S. 125 – 129

ders.: Urofa- und Tutima-Armbanduhren; in: Schriften der Freunde Alter Uhren, Ulm 1982, Heft XXI, S. 81 – 85

Hillmann, Bruno: Die Armbanduhr – ihr Wesen und ihre Behandlung bei der Reparatur; Berlin 1925

Huber, M., Banbery, A., zus. mit Brunner, G.L.: Patek Philippe – Die Armbanduhren; Genf 1988

Huber, Martin: Die Uhren von A. Lange & Söhne Glashütte/Sachsen; 5. Auflage, München 1988

Humbert, B.: Die Schweizer Uhr mit automatischem Aufzug; Lausanne 1956

Institut der Mensch und die Zeit (Hg.): Der Mensch und die Zeit in der Schweiz, La Chaux-de-Fonds 1991

Jaeger-LeCoultre (Hg.): Die Uhrenmanufaktur; Pforzheim o.J.

Jaquet, E., Chapuis, A.: Technique and History of the Swiss Watch; London und New York 1970

Jendritzki, Hans: Die Reparatur der Armbanduhr; 3. Auflage, Halle/Saale 1944

Jobin, A.-F.: Klassifikation der schweizerischen Uhrwerke und Uhrenfurnituren; Genf (um 1938)

Journal Suisse d'Horlogerie (Hg.): Le Livre d'Or de l'Horlogerie; Genf und Neuchâtel (1927)

Kahlert, Helmut: Die frühen Jahre der Armbanduhr; in: Alte Uhren, 1981, Heft 1, S. 27 – 35

Kahlert, H., Mühe, R., Brunner, G.L.: Armbanduhren; 4. Auflage, München 1990

Kreuzer, Anton: Die Uhr am Handgelenk; Klagenfurt 1982

ders.: Die Armbanduhr; Klagenfurt 1983

ders.: Faszinierende Welt der alten Armbanduhren; Klagenfurt 1985

Lang, Gerd-R. und Meis, Reinhard: Chronographen – Armbanduhren; München 1992

L'Associazione Piemontese Orafi e Orologiai (Hg.): Elogio all'Orologio; Turin 1987

Les Fabricants Suisses d'Horlogerie (Hg.): Les principaux types de chronographes expliqués par leurs cadrans; Biel und Neuchâtel 1952
Mann, Helmut: Porträt einer Taschenuhr; München 1981
Marozzi, Daria u. Toselli, G.: Longines, Bologna 1990
Meis, Reinhard: IWC-Uhren; Klagenfurt 1985
Mercier, François: Mechanische Uhren mit automatischem Aufzug; in: Alte Uhren, 1985, Heft 1, S. 21 – 32, und Heft 2, S. 27 – 47
Nadelhoffer, Hans: Cartier – König der Juweliere, Juwelier der Könige; Herrsching 1984
Negretti, G., Nencini, F.: Die schönsten Armbanduhren; München 1986
Osterhausen, F.v.: Chronometer – Armbanduhren, München 1990
Schmeltzer, Bernhard: Wie alt ist meine Taschen- oder Armbanduhr; Duisburg 1986
Stolberg, Lukas: Lexikon der Taschenuhr; Klagenfurt 1983
Tölke, Hans-F., King, Jürgen: International Watch Co. Schaffhausen; Zürich 1986
Viola, Gerald und Brunner, Gisbert L.: Zeit in Gold; München 1988
Vogel, Horand: Uhren von Patek Philippe; Düsseldorf 1980
Zagoory, J., Chan, H.: A Time to Watch; Hongkong 1985

Armbanduhren
Farbbildteil

F1

LONGINES
MOVADO
LeCoultre
ALARM

F2

LORD ELGIN
GRUEN
CURVEX
PRECISION
LONGINES
GRUEN
VERI-THIN
PRECISION

F3

UPPER WATCH

F4

F 1 Patek Philippe
50er Jahre. Weltzeituhr. 18 kt. Gelbgold. Besonderheit: emailliertes Zentrum mit einer Landkarte der USA. Handaufzug. Kal. 12-400. 18 Steine. Breguet-Spirale. Monometallische Schraubenunruh. Stoßsicherung. Die Krone bei der »3« dient zur Zeigerstellung und zum Verstellen des 24-Stunden-Ringes, mit der Krone bei der »9« läßt sich der Ring mit dem Ortsnamen verstellen.
(Habsburg) 250.000,-/350.000,-

F 2, F 3, F 4 Anonym
Frühe 20er Jahre. Silber und 9 kt. Gold. Besonderheit: Schutzgitter und Savonnettegehäuse. Handaufzug. Schweizer Kaliber. 15 Steine. Flach-/Breguet-Spirale. Bimetall. Unruh. Emailblätter.
(Privatbesitz) 500,-/900,-

F 5 Cartier Chronograph
30er Jahre. 18 kt. Gelbgold. Handaufzug. Kal. LeCoultre für European Watch Co., 11'''. 25 Steine. Breguet-Spirale. Bimetall. Unruh. 30-Minuten-Zähler. Alle Funktionen über die Krone.
(Christies) 100.000,-/140.000,-

F5 A

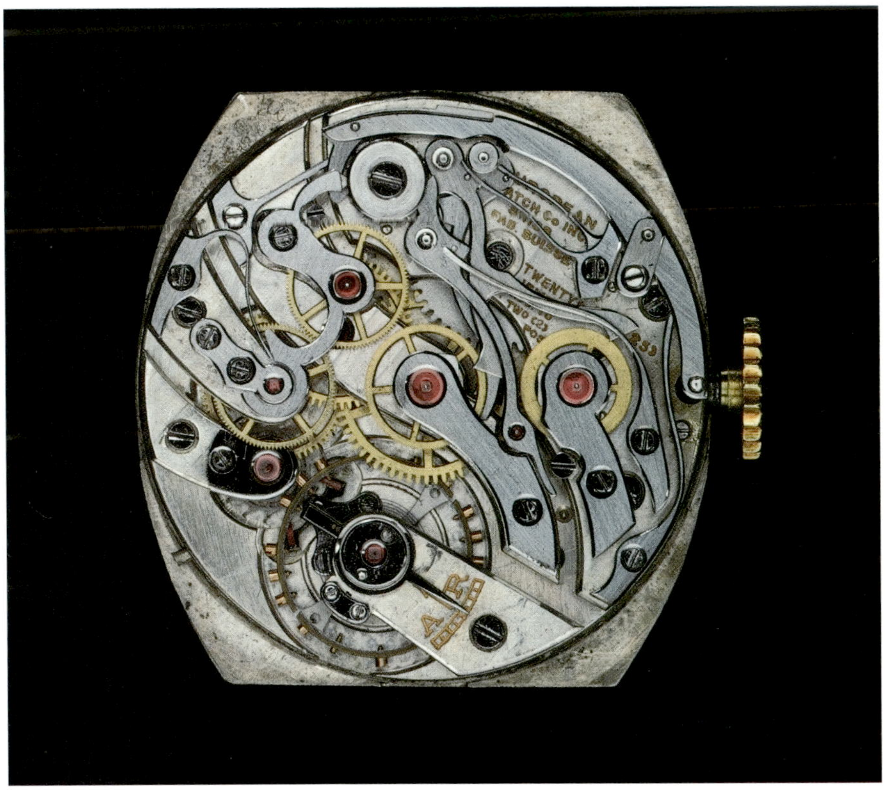
F5 B

WITTNAUER
Automatic
MON 19

F6

MON MAY
PATEK PHILIPPE
GENÈVE

F7

OMEGA
flightmaster

F8

CHEVROLET

F9

F 6 Wittnauer Kalenderuhr
Doublé. Rotor-Aufzug. 17 Steine. Autokomp. Flachspirale. Kompensations-Unruh. Stoßsicherung. Kombinationskalender durch verschiedene Skalen bis zum Jahre 2020; Krone bei der »4« zur Korrektur.
(Breitsprecher) 300,-/750,-

F 7 Patek Philippe
Ca. 1953. Ewiger Kalender mit Mondphasen. 18 kt. Gelbgold. Handaufzug. Kal. 27 SC. 18 Steine. Breguet-Spirale. Monometallische Schraubenunruh. Stoßsicherung. Direkte Zentralsekunde.
(Patek) 80.000,-/100.000,-

F 8 Omega, Flightmaster Chronograph
1976. Edelstahl. Schraubboden, wasserdicht. Handaufzug. Kal. 911. 17 Steine. Flachspirale. Glucydur-Unruh. Incabloc-Stoßsicherung. Zwei-Zonen-Zeit, drehbare Minutenskala. 30-Minuten- und 12-Stunden-Zähler.
(Breitsprecher) 800,-/1.600,-

F 9 Chevrolet
1927. Stahl. Uhr in Form eines Autokühlers. Handaufzug. Werk von H. Didisheim, Schweiz, Kal. 2 C 2.`6 Steine. Flachspirale.
(Joseph) 1.500,-/2.500,-

F 10 Glycine
1931. Kissenförmiges Silbergehäuse. Rotoraufzug, Krone nur zur Zeigerstellung.
Kal. 20
(Privatbesitz) 900,-/1.300-

F 10 A–C

F 11

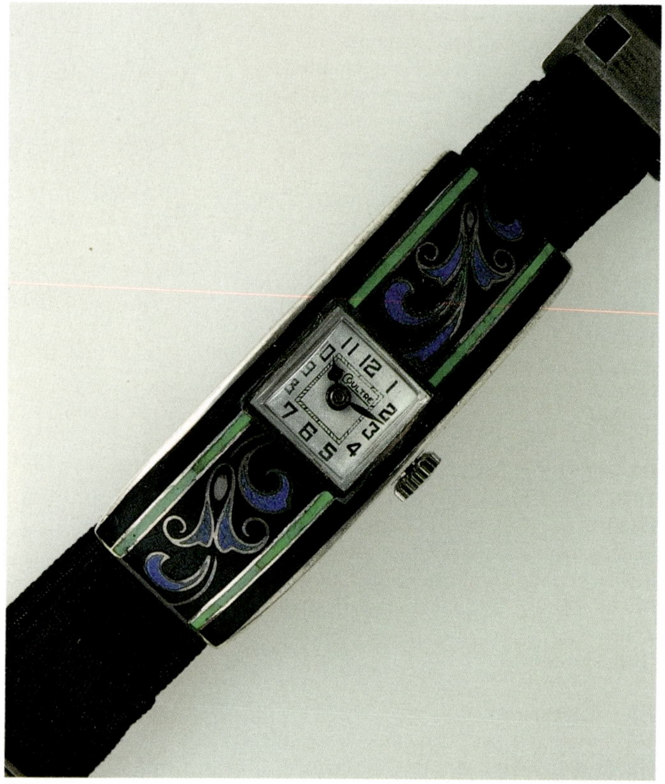

F 12

F 13

F 14

F 11 Gruen, USA/Schweiz
Ca. 1926. Platin-Scharniergehäuse. Mit Brillanten besetzt. Handaufzug. Ovales Ankerwerk, Qualität Extra. 18 Steine. 6 Lagen justiert. Breguet-Spirale. Bimetall. Unruh. Bewegliche Bandanstöße.
(Joseph) 800,-/1.200,-

F 12 LeCoultre
Ca. 1925. 935er Silber-Scharniergehäuse mit schwarzem, grünem, blauem Email. Handaufzug. Formankerwerk. 15 Steine. Flachspirale. Bimetall. Unruh. Ripsband.
(Joseph) 1.400,-/1.800,-

F 13 LeCoultre
Ca. 1950. Mattiertes 14 kt. Gelbgoldgehäuse. Designergehäuse. Handaufzug. Kal. 490 BW. 17 Steine. Breguet-Spirale. Bimetallische Unruh.
(Joseph) 1.000,-/1.800,-

F 14 LeCoultre
Ca. 1950. 14 kt. Gelbgoldgehäuse. Mit pultförmigem Deckel über dem Zifferblatt mit eingelassenem Bilderrahmen. Kal. 490 BW, LeCoultre, lapediertes Formwerk. 17 Steine. Breguet-Spirale. Bimetall. Unruh. Seltene Konstruktion.
(Joseph) 2.000-/2.900,-

F 15 Huber/Movado
Edelstahl. Gehäuse sehr stark gewölbt. Handaufzug. Formwerk 9 x 13'''. 15 Steine, 4 Chatons. Breguet-Spirale. Bimetall. Unruh. Vorderseite der Platine gewölbt.
(Privatbesitz) 1.800,-/2.500,-

F 16 Durbin mit Sprungdeckel
1950. Goldfilled Gehäuse. Handaufzug. Schweizer Ankerwerk. 17 Steine. Flachspirale. Monometallische Schraubenunruh.
(Joseph) 450,-/800,-

F 17 Anonym, Freimaureruhr
1980er Jahre. Metall, vergoldet. Rotor-Aufzug, Kal. 2650. 17 Steine. Flachspirale. Glucydur-Unruh. Incabloc-Stoßsicherung.
(Henrys) 600,-/1.100,-

F 15 A

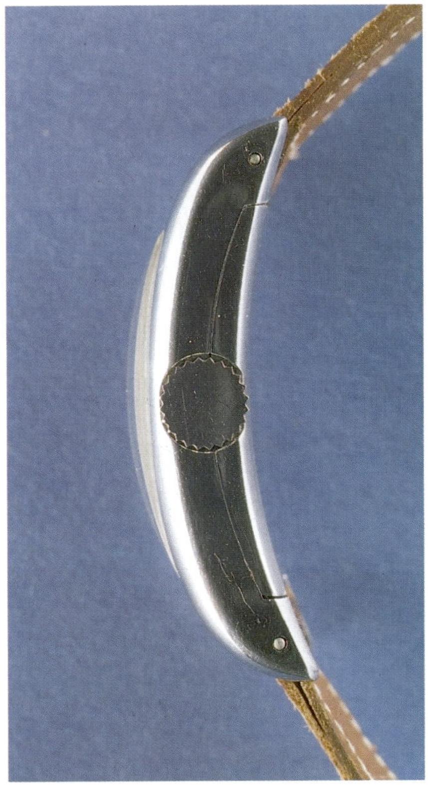
F 15 B

F 16

F 17

F 18

F 19

F 18 Mickey Mouse Uhr (Disney Land)
1980. Metall, verchromt. Roßkopfwerk mit Stiftanker von Bettlachs.
(Privatbesitz) 100,-/200,-

F 19 Anonym
40er Jahre. Nickel verchromt. Rohkopfwerk. Woody-Woodpecker-Motiv auf Zifferblatt.
(Privatbesitz) 300,-/800,-

F 20 Swatch
Art Pop, 1991, »GUR(H)KE«
von Alfred Hofkunst, Wien
(Privatbesitz) cpl. 1.500,-/1.800,-

F 21 Swatch
Art Pop, 1991, »VERDU(H)R«
von Alfred Hofkunst, Wien
(Privatbesitz) cpl. 1.500,-/1.800,-

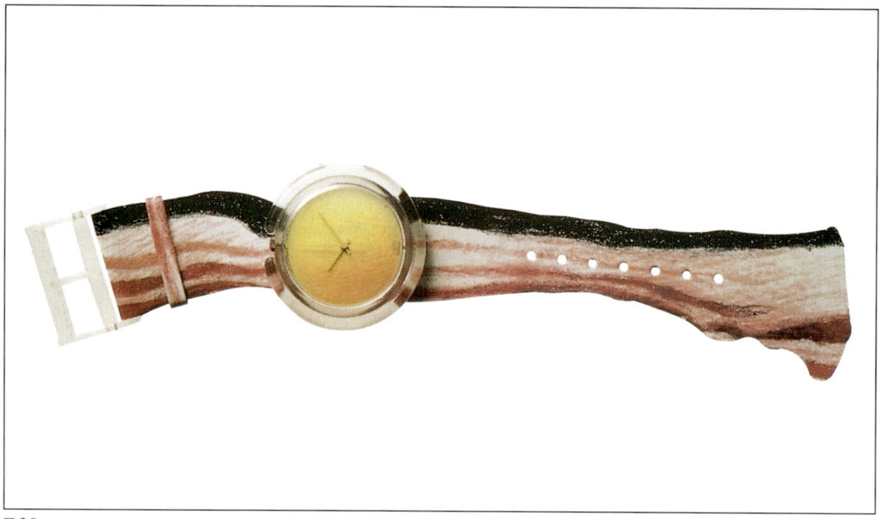

F 20

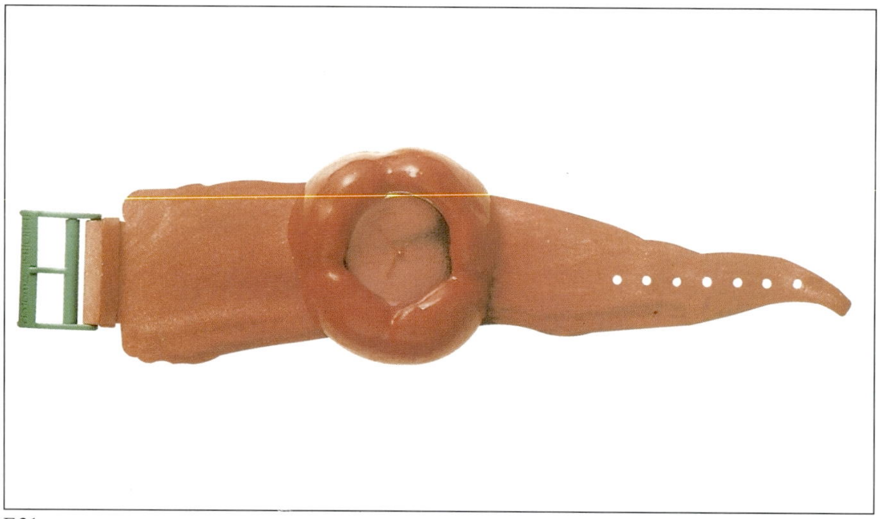

F 21

Armbanduhren Katalog

1

Frühere Armbanduhren

Ans Handgelenk gelangte die Uhr im 16. Jahrhundert. Doch kann man bei den bis ungefähr 1850 hergestellten Exemplaren noch nicht von Armbanduhren im heutigen Sinne sprechen. Es handelt sich vielmehr um Vorläufer. Frühere Armbanduhren entstammen der Epoche bis etwa 1920. Sie können vielfach ihre formale Ableitung von der Taschenuhr nicht verleugnen. Doch begannen die Uhrenfabrikanten schon damals mit der Armbanduhr zu experimentieren. Die Gestalt von Zifferblatt und Gehäuse stellten kein Tabu mehr dar. Dies war auch dringend nötig, wollte man diesem neuen Uhrentyp zur Durchsetzung speziell bei den konservativen Männern verhelfen. Bei Sammlern sind die frühen Armbanduhren bislang nur auf ein begrenztes Interesse gestoßen. Der Grund: Für den täglichen Gebrauch sind sie weniger geeignet als für die Aufbewahrung in einer Vitrine. Dies führt dazu, daß man frühe Armbanduhren noch relativ preisgünstig erwerben kann.

2

3

4

5

6

7

1 Pavel Buhré
Ca. 1912. Nickel, Scharniergehäuse. Emailblatt. Handaufzug. 15 Steine. Flachspirale. Bimetall. Unruh. Besonderheit: Zeigerstellung bei der »4«.
(Henrys) 900,-/1.800,-

2 Vacheron & Constantin für DENT
Um 1910. Silber, Halbsavonnette. Besonderheit: Zeigerstellung durch Drücken bei der »2«. Handaufzug. Schweizer Zylinderwerk. 15 Steine. Flachspirale, Bimetall. Unruh.
(Privatbesitz) 2.000,-/4.000,-

3 Tavannes
Ca. 1915. 925/Silber, 3 Deckel. Savonnettegehäuse, öffnet sich durch Knopfdruck bei der »6«. Handaufzug. 15 Steine, 3 Chatons. Flachspirale. Bimetall. Unruh. Emailzifferblatt, Stundenzeiger später.
(Joseph) 500,-/800,-

4 IWC
Um 1915. 18 kt. Gold, sign. B & C, Nr. 670742. Werk wird in das Gehäuse eingeschraubt. 2/3 Platinenwerk, Nr. 622128. 15 Steine, verschraubte Chatons. Breguet-Spirale. Bimetall. Unruh. Emailblatt.
(Henrys) 2.000,-/3.000,-

5 Zenith für das Signalcorps der US-Army
Ca. 1918. Silbernes Scharniergehäuse. Handaufzug. Vergoldetes Ankerwerk. 15 Steine. Breguet-Spirale. Bimetall. Unruh. Feinregulierung über Exzenter, rote XII, rote 24-Stunden-Einteilung.
(Henrys) 500,-/900,-

6 Anonym, Schweiz.
Ca. 1918. 935er Silber. Scharniergehäuse. Handaufzug. Nickelwerk. 15 Steine. Flachspirale. Monometall. Schraubenunruh. Schwarzes Emailzifferblatt.
(Henrys) 400,-/800,-

7 Anonym (Schweiz)
Ca. 1912. Silber, englisch. Werk wird ins Gehäuse geschraubt. Handaufzug. Schweizer Rohwerk, vernickelt. 15 Steine. Breguet-Spirale. Bimetall. Unruh. Zeiger später, Emailzifferblatt, rote XII.
(Henrys) 300,-/500,-

8 Ingersoll
1917. Nickel. Stiftanker (amerikanische Billiguhr Nr. 45801468). Keine Steine. Monometall. Unruh. Besonderheit: Aufzug bei der »12«, Leuchtzahlen. Eingeklebtes Ursprungszeugnis.
(Privatbesitz) 200,-/400,-

9 IWC
Ca. 1917. 18 kt. Gold. Schraubgehäuse Nr. 671788. Handaufzug. 11 3/4''', 1/2 Platinenwerk, IWC Kal. 64. 17 Steine, teilweise in Chatons. Breguet-Spirale. Bimetall. Unruh. Besonderheit: um das Werk nach oben herauszuschrauben, muß die Krone gezogen werden.
(Privatbesitz) 1.800,-/3.000,-

10 Rolex
Um 1915. Silber. Savonnettegehäuse, Nr. 773207. Handaufzug. Perliertes Neusilberwerk. 15 Steine. Flachspirale. Bimetall. Unruh. Öffnen des Gehäuses durch Drücker bei der »6«.
(Privatbesitz) 1.600,-/2.500,-

11 Anonym, Schweiz
Um 1920. Nickel, Zentralsekunde. Handaufzug. Zylinderhemmung. 4 Steine. Flachspirale. Monometall. Unruh. Uhr für Krankenschwestern.
(Privatbesitz) 200,-/300,-

12 Patek Philippe
1925. Gold, 2 Scharnierrückdeckel. Emailzifferblatt und 24-Stunden-Einteilung. Handaufzug 805277. 9''', 3. Qualität, Ebauche von LeCoultre. 15 Steine. Flachspirale. Bimetall. Unruh.
(Privatbesitz) 15.000,-/20.000,-

8

9

10 A

10 B

11

12

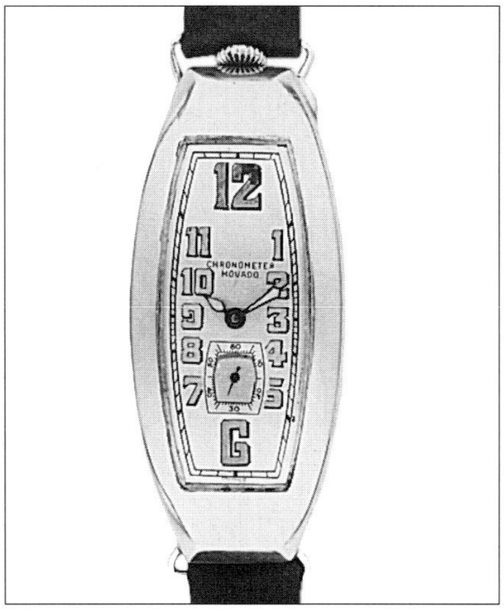

13

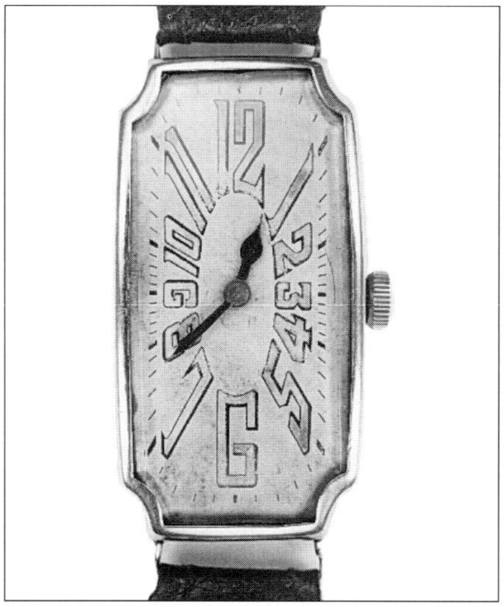
14

15

16

17

18

13 Movado Chronometer
Um 1920. Silbernes Scharniergehäuse. Polyplan (abgewinkelte Platinen im Werk). Handaufzug. 15 Steine. Breguet-Spirale. Bimetall. Unruh. Stark gebogene Gehäuseform. Aufzug bei der »12«.
(Privatbesitz) 5.000,-/8.000,-

14 Anonym, Schweiz
Ende 20er Jahre. Silber. Scharniergehäuse. Handaufzug. 12'''. Schweizer Zylinderwerk. 9 Steine. Flachspirale. Monometall. Unruh. Rundes 12'''-Werk in überlangem Rechteckgehäuse, Zeiger später, Leuchtziffern.
(Hein) 500,-/700,-

15 IWC für Mappin & Webb
Um 1917. 925er Silber. Scharniergehäuse. Handaufzug. Kaliber: 64. 15 Steine. Breguet-Spirale. Bimetall. Unruh. Drücker für Zeigerstellung.
(Joseph) 1.200,-/1.800,-

16 Anonym
Um 1920. Tulasilber. Form Carrée Cambrée (kissenförmig). 15 Steine. Flachspirale. Bimetall. Unruh. Zeigerstellung durch Drücker bei der »4«.
(Henrys) 400,-/600,-

17 Omega
Um 1925. Silbernes Scharniergehäuse. Handaufzug. Vergoldetes Werk. 15 Steine. Breguet-Spirale. Bimetall. Unruh.
(Breitsprecher) 1.000,-/1.600,-

18 Omega
Um 1920. Silber. Scharniergehäuse. Handaufzug. Werk. Nr. 5055492. Verschraubte Werkrückseite. 15 Steine. Breguet-Spirale. Bimetall. Unruh. Typische Uhr der frühen 20er Jahre.
(Privatbesitz) 1.000,-/1.800,-

19

19 Diverse Schweizer Herrenarmbanduhren
Frühe 20er Jahre. Silber. Handaufzug mit Schweizer Ankerwerken. 15 Steine. Monometallische Schraubenunruh. Emailzifferblatt.
(Henrys) 300,-/600,-

20 Patek Philippe
20er Jahre. 18 kt. Gelbgold. Handaufzug. Kaliber 12''', 3. Qualität. 15 Steine. Flachspirale. Bimetall. Unruh. Emailzifferblatt mit zeittypischer Verzierung.
(Privatbesitz) 10.000,-/18.000,-

21 Longines
1920er. 18 kt. Gelbgld. Form Carrée Cambrée. Kaliber 13.3. 15. Steine. Breguet-Spirale. Bimetall. Unruh. Emailblatt.
(Joseph) 1.200,-/1.700,-

22 Ulysse Nardin
Um 1925. Goldenes kissenförmiges Gehäuse. Handaufzug. 15 Steine. Bimetall. Unruh. Krone später.
(Henrys) 1.200,-/1.600,-

23 Eberhard
Um 1920. Silbernes kissenförmiges Gehäuse. Handaufzug. Vergoldetes Werk. 15 Steine. Breguet-Spirale. Bimetall. Unruh. Emailzifferblatt.
(Henrys) 300,-/600,-

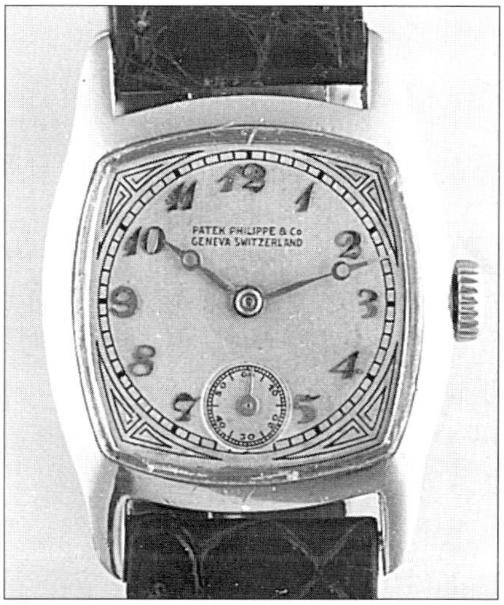

20

21

22

23

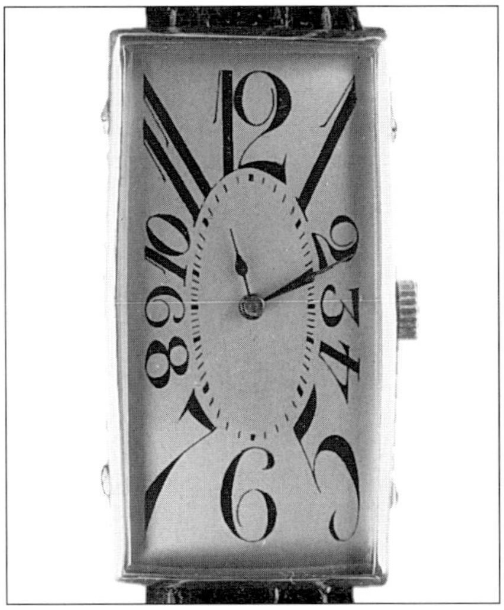
24

25

26

27

28

29

24 Anonym
20er Jahre. Silbernes, seitlich verschraubtes Gehäuse. Handaufzug. Rundes Ankerwerk. 15 Steine. Flachspirale. Schraubenunruh. Aufgefrischtes Zifferblatt.
(Privatbesitz) 700,-/1.400,-

25 Figaro, Schweiz
Ca. 1930. 14 kt. Gelbgold. Scharniergehäuse. Handaufzug. 15 Steine. Flachspirale. Bimetall. Unruh. Leuchtstrahlen und -zeiger.
(Breitsprecher) 1.100,-/1.500,-

26 Rolex
Ende 20er Jahre. Silbernes tonneauförmiges Scharniergehäuse, Nr. 819819. Handaufzug. Rundes Werk, Rolex »Prima«, Ref. Nr. 1370. Bimetall. Unruh.
(Henrys) 2.000,-/3.200,-

27 Agassiz für Gübelin
Ende 20er Jahre. 18 kt. Gelbgold. Zeittypisches feines Flechtband. Handaufzug. 6 Adjustments. 18 Steine. Breguet-Spirale. Bimetall. Unruh.
(Henrys) 1.700,-/2.000,-

28 Rolex
Ende 20er Jahre. 925er Silber. Oystergehäuse. Erste wasserdichte Uhr. Handaufzug. Kaliber: Ref. Nr. 7131, Oyster »Prima« Qualität, 6 Positionen justiert. 15 Steine. Flachspirale. Bimetall. Unruh. Restauriertes Zifferblatt. Sog. »Kanalschwimmer«-Modell.
(Henrys) 2.800,-/4.500,-

29 IWC
Um 1930. 14 kt. Gelbgold, kissenförmiges Scharniergehäuse. Handaufzug. Kaliber 76, 10 1/3'''. 16 Steine, teils in Chatons. Breguet-Spirale. Bimetall. Unruh.
(Henrys) 2.000,-/2.800,-

30

Damenarmbanduhren

Obwohl letztlich die Damen der Armbanduhr zur Durchsetzung auf breiter Ebene verholfen haben, hat die Damenarmbanduhr – von Ausnahmen abgesehen – nie den Status eines Sammelobjektes erlangt.
Dies mag u. a. daran liegen, daß die Damenarmbanduhr formal zwar eine Fülle, technisch jedoch nur eine geringe Zahl von Variationen erlebt hat. Außerdem ist das Sammeln von Armbanduhren bis heute eine Domäne der Männer, und die legen sich hauptsächlich solche Zeitmesser zu, die sie auch selber tragen können.
Daher kann man Damenarmbanduhren feinster Qualität zu Preisen erwerben, die weit unter denen vergleichbarer Herrenmodelle liegen.

31

32

33

34

35

30 Vacheron & Constantin
Um 1935. Platin-Scharniergehäuse mit Diamanten und Saphiren. Handaufzug. Formankerwerk. 18 Steine, in 5 Lagen justiert. Breguet-Spirale. Bimetall. Unruh. Ripsband mit Platinschließe.
(Joseph) 6.000,-/8.000,-

31 Anonym, Schweiz für den englischen Markt
Ca. 1927. 9 kt. Gelbgold-Scharniergehäuse. Lünette weiß und blau emailliert. Handaufzug. Schweizer Ankerwerk. 15 Steine. Flachspirale, Schraubenunruh. Metallzifferblatt mit roter »12«.
(Breitsprecher) 400,-/600,-

32 Anonym, Schweiz, für England
Um 1912. Sterling-Silber-Scharniergehäuse. Handaufzug. Schweizer Zylinderwerk, vergoldet. 10 Steine. Flachspirale. Monometall. Schraubenunruh. Besonderheit: Zeigerstellung bei der »4«, Emailzifferblatt mit roter »12«.
(Breitsprecher) 300,-/500,-

33 Anonym, Schweiz
Ca. 1912. Gelbgold mit email. Uhrspange. Handaufzug. Kaliber 9''', Ankerwerk Ebauche von LeCoultre, 2. Qualität.
18 Steine, Flachspirale. Bimetall. Unruh. Zeigerstellung durch Drücker bei der »2«. Emailzifferblatt.
(Sothebys) 1.500,-/2.000,-

34 Anonym, Schweiz, für Brooks & Son, England
Ca. 1890. Roségold. Taschenuhr als Armbanduhr in Spangenband zu tragen. Handaufzug. Schweizer Zylinderwerk. 15 Steine. Flachspirale. Bimetall. Unruh. Emailzifferblatt.
(Joseph) 1.300,-/1.800,-

35 Anonym, Schweiz
Frühe 20er Jahre. Silbernes Scharniergehäuse. Handaufzug. Vernickeltes Werk. 15 Steine. Flachspirale. Monometallische Schraubenunruh.
(Henrys) 400,-/700,-

36 C. H. Meylan
Ca. 1920. Achteckiges Platin-Scharniergehäuse. Silbernes Zifferblatt mit blauen Zahlen. Handaufzug. 8''', lapediertes Ankerwerk. 18 Steine, 5 Lagen justiert. Breguet-Spirale. Schraubenunruh.
(Joseph) 800,-/1.100,-

37 Jaeger LeCoultre
Ca. 1955. 18 kt. Roségold. Backwind-Kaliber. Handaufzug. 17 Steine.
(Privatbesitz) 900,-/1.600,-

38 Blancpain
60er Jahre. 18 kt. Gold. Handaufzug. Backwind-Kaliber. 17 Steine. Flachspirale. Monometallische Schraubenunruh.
(Privatbesitz) 700,-/1.000,-

39 Paul Ditisheim
Ca. 1940. 18 kt. Roségold. Rote Farbsteine und Diamanten. Handaufzug. Formankerwerk. 17 Steine. Flachspirale. Monometall. Unruh.
(Joseph) 800,-/1.200,-

40 Lucien Piccard
Ca. 1955. 14 kt. Gelbgoldgehäuse mit Sprungdeckel (Perlenbesatz). Backwind-Kaliber. 17 Steine, teilweise in Goldchatons. Breguet-Spirale. Bimetall. Unruh. Stoßsicherung.
(Joseph) 600,-/900,-

41 Patek Philippe
1937. 18 kt. Gelbgold/Rotgold. Ref. 497. Handaufzug. Kaliber: 9''', 2. Qualität. 18 Steine. Flachspirale. Bimetall. Unruh.
(Privatbesitz) 8.000,-/12.000,-

36

37

38

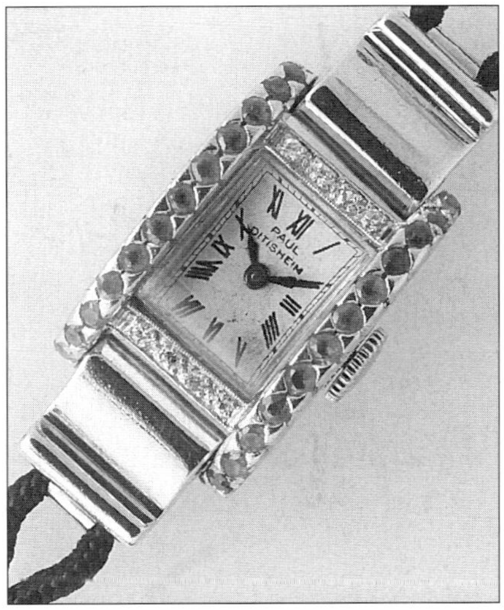

39

40

41

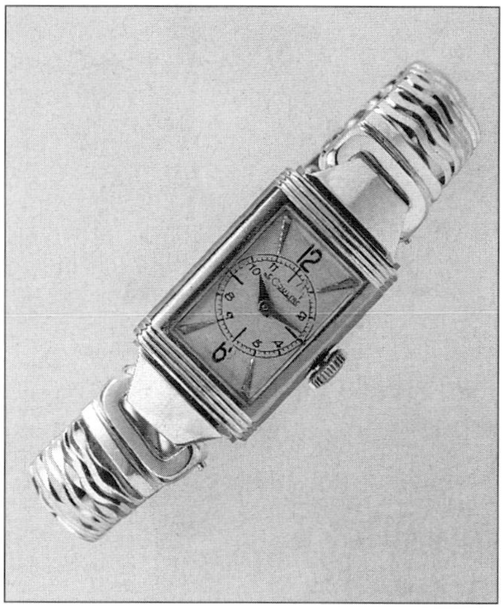
42

43

44

45

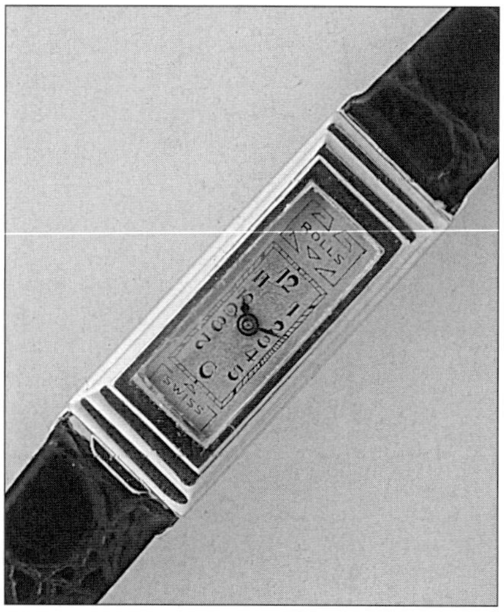
46

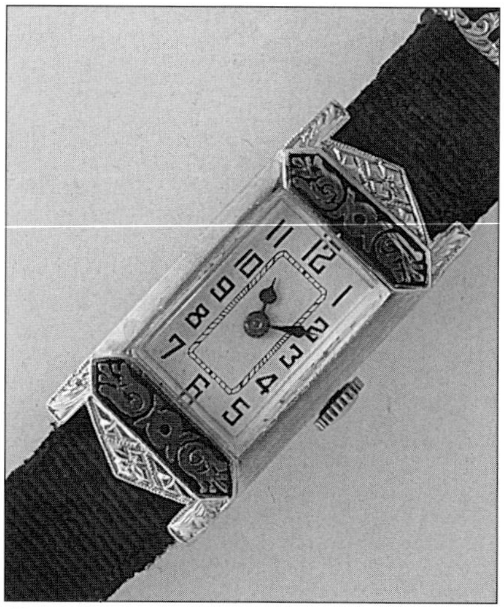
47

42 LeCoultre
Ca. 1940. Edelstahl. Reverso-Gehäuse. Handaufzug. Vergoldetes Formwerk. 15 Steine. Flachspirale. Monometallische Schraubenunruh.
(Joseph) 1.500,-/2.500,-

43 Gruen
1930er Jahre. Stahl. »Doctor's Watch« in Damengröße. Handaufzug. Formwerk. 15 Steine. Flachspirale. Bimetall. Unruh.
(Privatbesitz) 700,-/1.400,-

44 Jaeger
Ca. 1935. Edelstahl, Scharniergehäuse. Rückwärtige Krone für Aufzug und Zeigerstellung. Handaufzug. Duoplan Kal. 9 BF. 15 Steine, 2 Lagen justiert. Breguet-Spirale. Bimetall. Unruh.
(Joseph) 1.200,-/2.200,-

45 Jaeger LeCoultre Reverso
Um 1938. Stahl/14 kt. Gold. Wendegehäuse (Reverso). Handaufzug. Kal. 26, achteckiges Formwerk. 15 Steine. Flachspirale. Monometall. Schraubenunruh. Damen-Reverso-Uhren sind selten.
(Henrys) 2.500,-/3.500,-

46 Ato-Rolls Automatik
Ca. 1930. 18 kt. Gelbgold. Scharniergehäuse. Innenliegende Krone zur Zeigerstellung, Aufzug durch Bewegung des Werkes in Längsrichtung über Kugeln in seitlichen Laufschienen, Patent von Léon Hatot, 1930. Gebaut von Blancpain, 5 1/2'''.
17 Steine. Flachspirale. Bimetall. Unruh. Frühe Automatik.
(Christies) 1.500,-/2.000,-

47 Mimo (Girard Perregaux)
Ca. 1930. 14 kt. Weißgold, Scharniergehäuse. Handaufzug. Formankerwerk, 4 Lagen justiert. 15 Steine. Breguet-Spirale. Bimetall. Unruh. Ripsband.
(Joseph) 500,-/800,-

48 Tiffany, New York mit Schweizer Werk
Ca. 1930. Platin/Weißgold. 4 kt. Brillanten. Handaufzug. Ovales Formwerk. 9'''. 17 Steine. Flachspirale. Kompensationsunruh. Schöne Altschliff-Brillanten.
(Privatbesitz) 10.000,-/15.000,-

49 Patek Philippe für T. & D. Dickinson, USA
Ende 1920er Jahre. Platin mit Brillanten. Kordelband, 14 kt. Gelbgold. Vernickeltes Formwerk, 6 adjustments, Nr. 200129. Handaufzug. 18 Steine. Flachspirale. Kompensationsunruh. Platinkrone.
(Henrys) 4.000,-/6.000,-

50 Bulova
Ca. 1925. 14 kt. Gehäuse. Oberteil blau und rot emailliert. Handaufzug. Formankerwerk, Kal. 3 AN. Werk Schweiz, Gehäuse USA. 7 Steine. Flachspirale. Schraubenunruh.
(Joseph) 1.200,-/1.600,-

51 Rolex
Um 1927. 18 kt. Weißgold. 2 x 6 Rubine. Handaufzug. Ovales Formwerk Rolex Extra Prima. 15 Steine. Flachspirale. Bimetall. Unruh. Typische Art Déco Uhr.
(Henrys) 1.400,-/1.900,-

52 Anonym, Schweiz
Ca. 1915. 18 kt. Gelbgold. Lünette mit Brillanten und Saphiren. Rückdeckel rot emailliert. Handaufzug. Brückenwerk mit Zylinderhemmung. Flachspirale. Monometall. Unruh. Emailzifferblatt mit blauer 24-Stunden-Einteilung.
(Joscph) 700, /1.100,-

53 Anonym
Um 1900. Doublé, Damenanhängeührchen, in Doublé-Gliederband eingelegt, um als Armbanduhr getragen zu werden. 9''', Zylinderwerk. 7 Steine. Flachspirale. Emailzifferblatt.
(Privatbesitz) 300,-/500,-

48

49

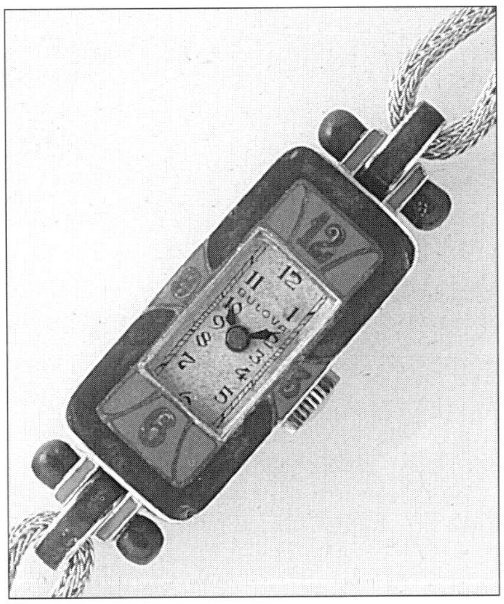
50

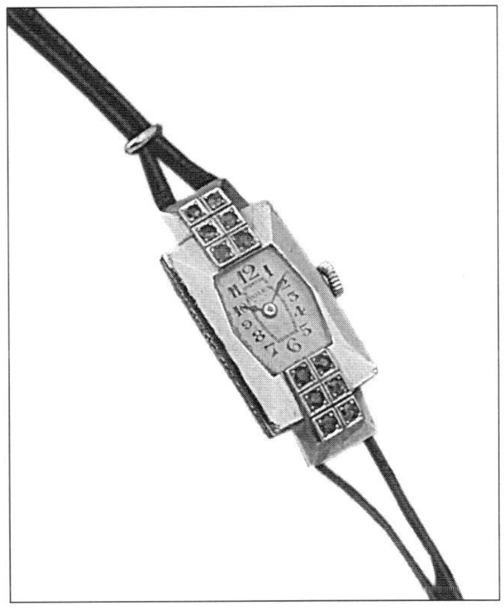
51

52

53

54

Form-Armbanduhren

Form-Armbanduhren entstanden aus dem Bedürfnis, eine formale Emanzipation des Zeitmessers fürs Handgelenk von Taschenuhren-Design zu erreichen. Zu den Form-Armbanduhren zählen letztlich alle Modelle, die vom klassisch-runden Stil, also z. B. solchen mit kissen-, rauten- oder tonnenförmigen Gehäusen abweichen.
Die größte Verbreitung haben diesbezüglich jedoch mit Sicherheit die rechteckigen und quadratischen Modelle gefunden. Ihren Höhepunkt erreichten die rechteckigen Armbanduhren in den dreißiger Jahren, als es eine unübertroffene Vielfalt an Gehäuse- und Werkstypen gab. Als die Epoche der quadratischen Armbanduhr gelten die fünfziger Jahre.
Bei Sammlern stoßen derzeit die rechteckigen Armbanduhren grundsätzlich auf ein weit größeres Interesse als die quadratischen. Deshalb liegen die Preise – gleiche Qualitätskategorie vorausgesetzt – in der Regel auch höher. Im übrigen diktieren – wie immer – die Seltenheit, die Extravaganz und/oder der Name den Marktpreis.

54 Elgin
1928. 18 kt. Weißgold. Blauer Emailring, bewegliche Anstöße. Handaufzug. 15 Steine, 3 verschraubte Chatons. Breguet-Spirale. Bimetall. Kompensationsunruh.
(Privatbesitz) 2.500,-/3.500,-

55 Rolex
20er Jahre. 9 kt. Tonneauform. Handaufzug. Rundes Ankerwerk. 15 Steine. Flachspirale. Bimetall. Unruh. Aufgefrischtes Zifferblatt.
(Privatbesitz) 1.500,-/2.000,-

56 A. LeCoultre
20er Jahre. 14 kt. Gelbgold. Scharniergehäuse. Handaufzug. 15 Steine. Flachspirale. Bimetall. Unruh.
(Joseph) 1.200,-/2.000,-

57 Anonym
1920. Verschraubtes Silbergehäuse. Sogen. Krankenpflegeruhr. Minute im Zentrum. Kal. 970. 15 Steine. Monometallische Unruh.
(Henrys) 2.000,-/3.000,-

58 Midas, Uhren in Form von Autokühlern, z. B. für Bugatti etc.
18 kt. Gold. Handaufzug. Kal. 8 3/4'''. 15 Steine. Flachspirale.
(Crott) 15.000,-/30.000,-

55 A

55 B

56

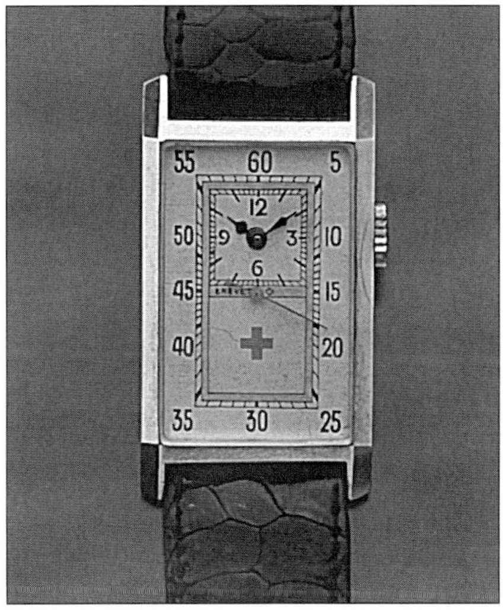
57

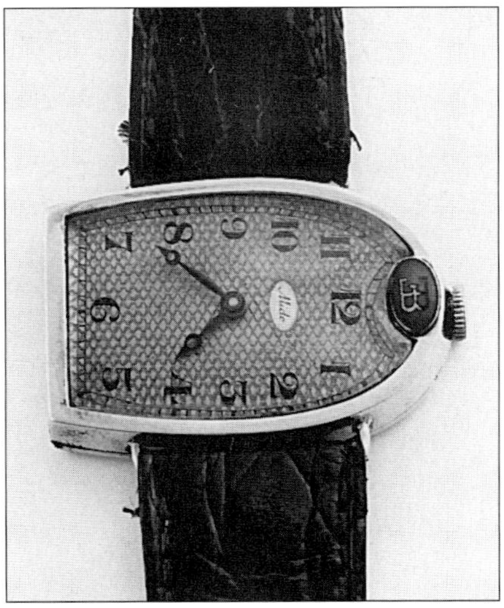

58 A

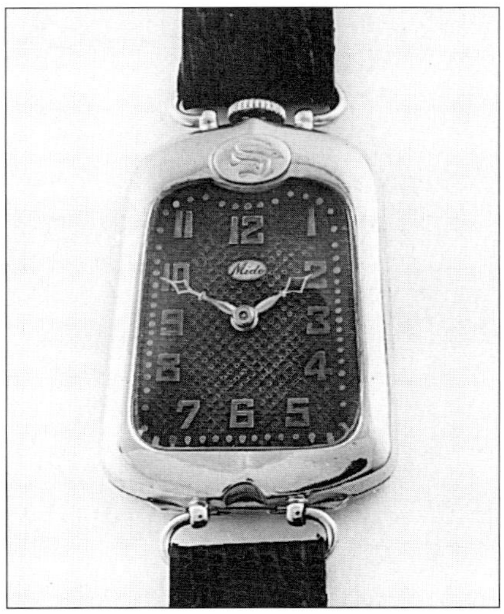

58 B

59

60

61

62

63

64

59 Hamilton
Ca. 1937. 9 kt. Gelbgold-filled-Gehäuse. Schwarzes Blatt. Handaufzug. Kaliber 980. 17 Steine. Breguet-Spirale. Bimetall. Unruh. Duo-Dial-Modell.
(Breitsprecher) 1.500,-/3.000,-

60 Eterna
1930. Edelstahl. Handaufzug. 8 3/4''', Kal. 675. 15 Steine. Flachspirale.
(Privatbesitz) 600,-/800,-

61 Rolex Chronometer
Um 1930. Edelstahl. Handaufzug. Rechteckiges Formwerk, vernickelt, 2 Adjustments. 17 Steine. Breguet-Spirale. Monometall. Schraubenunruh.
(Henrys) 1.500,-/3.500,-

62 Bulova
Um 1939. Gehäuse 10 kt. goldfilled, gewölbt. Formankerwerk. Handaufzug. Kal. 7 AP. Breguet-Spirale. Monometall. Schraubenunruh.
(Privatbesitz) 300,-/600,-

63 Auréole
1930. Nickel, verchromt. Besonderheit: seitlich getrepptes Gehäuse. Handaufzug. Kal. 7 2/4 x 11''' Formwerk. 15 Steine. Flachspirale. Monometall. Unruh.
(Privatbesitz) 400,-/600,-

64 Gruen
Um 1935. 14 kt. Gelbgold. Seitlich ornamentiertes Gehäuse. Handaufzug. Formwerk 8 3/4 x 11''' »Precision Extra«. 17 Steine. Breguet-Spirale. Bimetall. Unruh.
(Privatbesitz) 1.000,-/1.400,-

65 Patek Philippe
1933. 18 kt. Gelbgold. »Autofahrer-Armbanduhr«. Handaufzug. Rechteckiges Formwerk, 8'''. 18 Steine. Ebauche von LeCoultre. Flachspirale. Bimetall. Unruh.
(Patek) 12.000,-/15.000,-

66 Niton
Um 1930. 18 kt. Gelbgold, getreppt. Besonderheit: Stunde im Fenster springend, Minute auf Scheibe, kleine Sekunde. Handaufzug. Breguet-Spirale.
(Crott) 15.000,-/22.000,-

67 Doxa
1932. Silbernes Scharniergehäuse. Handaufzug. Formwerk. 15 Steine. Flachspirale. Bimetall. Unruh.
(Breitsprecher) 800,-/1.200,-

68 Optima
1934. 14 kt. Gelbgold, Tankform. Scharniergehäuse. Handaufzug. 15 Steine. Flachspirale. Bimetall. Unruh.
(Breitsprecher) 300,-/800,-

69 Patek Philippe
1933. 18 kt. Gelbgold. Handaufzug, Nr. 821550. Kal. 8''', 2. Qualität. Werk von LeCoultre. 23 Steine. Breguet-Spirale. Bimetall. Unruh.
(Patek) 12.000,-/18.500,-

70 Vacheron & Constantin
30er/40er Jahre. 18 kt. Gelbgold. Formwerk. Breguet-Spirale. Bimetall. Unruh.
(Privatbesitz) 7.000,-/10.000,-

65

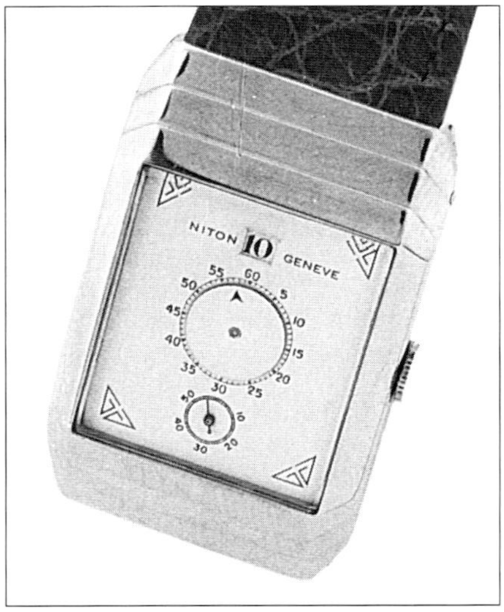

66

67

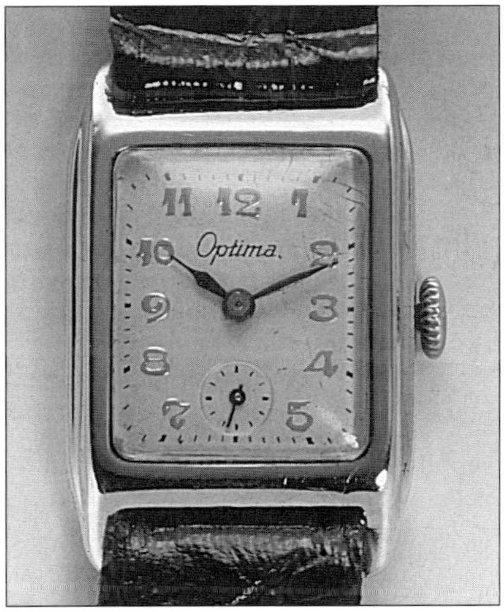

68

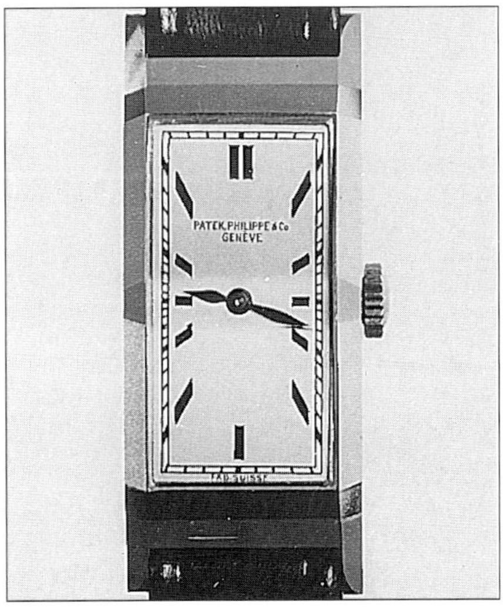

69

70

71

72

73

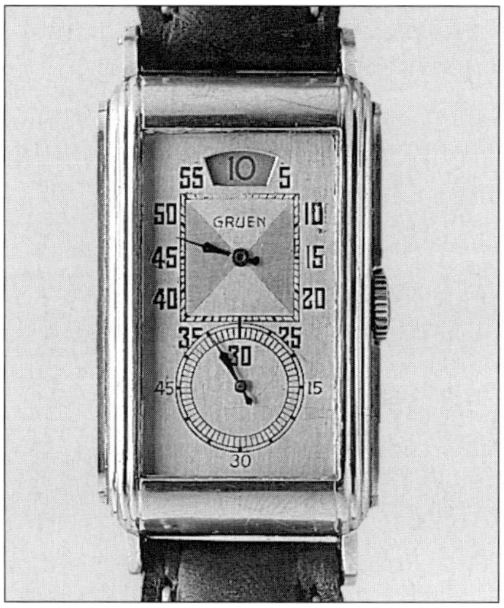

74

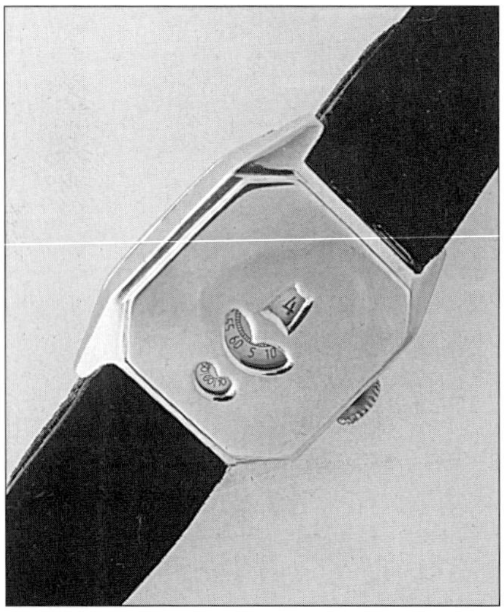

75

76

71 Audax
Um 1935. 9 kt. Gold Engl. Scharniergehäuse. Handaufzug. Formwerk vergoldet. 15 Steine. Monometall. Schraubenunruh.
(Privatbesitz) 400,-/800,-

72 Gruen Curvex
Um 1938. Doublé, Stahlboden. Handaufzug, Schweizer Formwerk. Kal. 500. 15 Steine. Breguet-Spirale. Monometall. Schraubenunruh.
(Privatbesitz) 1.000,-/1.800,-

73 Anonym
Um 1935. 9 kt. Gold Scharniergehäuse (engl.). Besonderheit: Digitalanzeige, Stunde springend, Minute/Sekunde schleichend. Handaufzug. Tonneauförmiges Ankerwerk. Werk von FHF. 16 Steine. Flachspirale. Monometall. Schraubenunruh.
(Henrys) 1.700,-/2.200,-

74 Gruen
Ca. 1936. Edelstahl. Jumping hour (springend Stunde im Fenster). Handaufzug, großes Ankerformwerk, Schweiz. Kal. 877 S. 17 Steine. Breguet-Spirale. Schraubenunruh. Werksidentisch mit Rolex »Prince«.
(Henrys) 5.000,-/8.000,-

75 Anonym
Ca. 1932. Weißgold. Stunde springend, Minute/Sekunde schleichend. Handaufzug, Formwerk, Schweiz. 15 Steine. Flachspirale. Monometall. Schraubenunruh.
(Joseph) 1.200,-/1.500,-

76 Paul Ditisheim
Ca. 1938. Platin. Besonderheit: Diamanten-Ziffern in Weißgold gefaßt. Tonneauförmiges Formwerk. 17 Steine. Breguet-Spirale. Monometall. Schraubenunruh.
(Henrys) 3.000,-/4.500,-

77 A. Lange u. Söhne, Glashütte
1930er Jahre. Edelstahl, V 2 A. Handaufzug. Formankerwerk von Altus. Kal. 10, 8 3/4 x 12'''. 16 Steine. Flachspirale. Kompensationsunruh.
(Joseph) 2.000,-/3.000,-

78 Doxa
Ca. 1935. Edelstahl. Gebogenes Scharniergehäuse. Handaufzug. 17 Steine. Flachspirale. Monometall. Schraubenunruh.
(Joseph) 800,-/1.400,-

79 Uhrenfabrik Glashütte
Ca. 1936. 14 kt. Gelbgold. Handaufzug. 9 x 13''', vergoldetes Formwerk, Urofa, Kal. 58. 15 Steine. Breguet-Spirale. Schraubenunruh.
(Joseph) 2.000,-/2.800,-

80 Elgin
Ca. 1935. 10 kt. Gold-filled-Gehäuse. Doctor's Watch Ref. 5509. Handaufzug. Formwerk. 17 Steine. Flachspirale.
(Joseph) 1.000,-/2.000,-

81 Gruen
Ca. 1938. Messing verchromt. Handaufzug. Kal. 877 S. 15 Steine. Breguet-Spirale. Bimetall. Unruh.
(Joseph) 2.500,-/4.000,-

82 Gruen Doctor's Watch
Um 1935. Weißgold-filled-Gehäuse. Geteiltes Zifferblatt. Handaufzug. Kal. 877 S. 15 Steine. Breguet-Spirale. Bimetall. Unruh.
(Henrys) 2.200,-/3.000,-

77

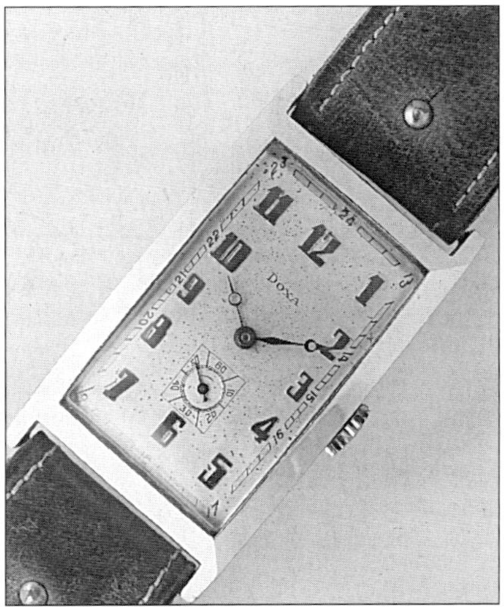

78

79

80

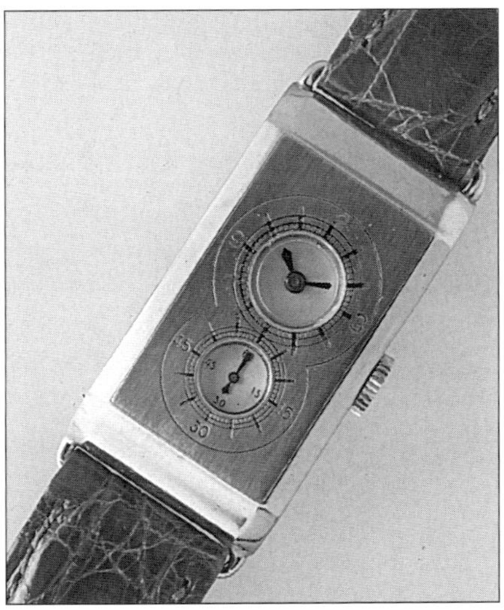
81

82

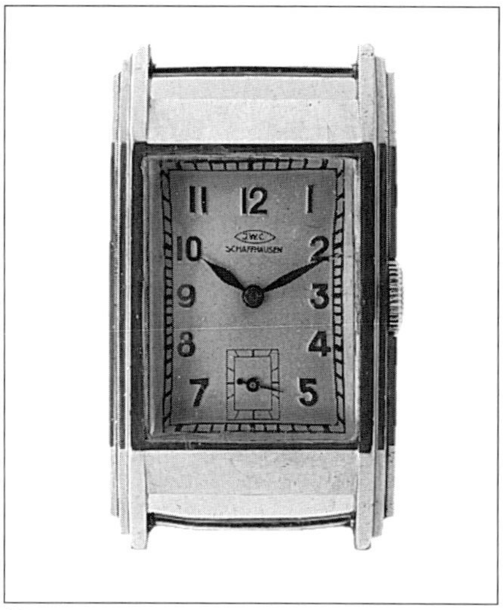

83

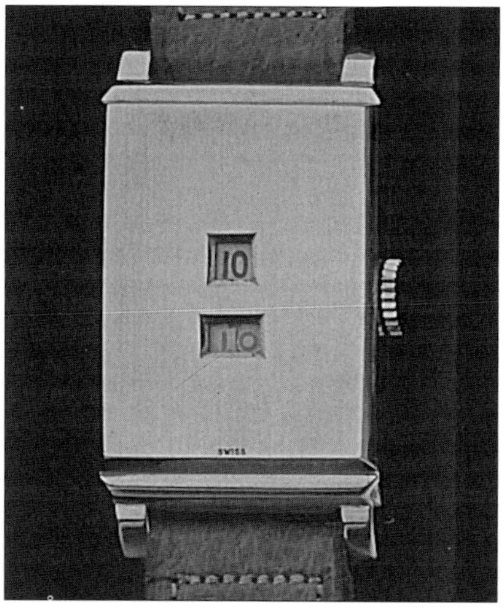

84

85

86

87

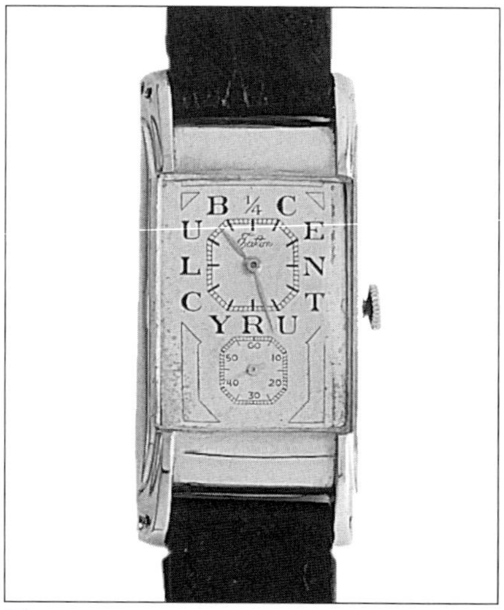

88

83 IWC
Ca. 1935. Gebogenes Edelstahlgehäuse. Handaufzug. Lapediertes Formankerwerk. Kal. C 87. 17 Steine. Breguet-Spirale. Monometall. Schraubenunruh.
(Joseph) 1.000,-/2.500,-

84 Movado
30er Jahre. 14 kt. Gelbgold. Scheibe für Stundenanzeige, 2 Scheiben für Minutenindikation. Handaufzug. 15 Steine. Breguet-Spirale. Bimetallische Unruh. Besonderheiten: digitale Zeitanzeige, sehr selten.
(Privatbesitz) 15.000,-/25.000,-

85 Longines
Ca. 1935. Platin. Schwarzes Zifferblatt mit in Weißgold gefaßten Brillanten-Ziffern. Handaufzug. Kal. 9 L. 17 Steine. Flachspirale. Monometallische Schraubenunruh.
(Joseph) 2.000,-/3.800,-

86 Rolex Prince Chronometer Typ »Brancard«
Handaufzug. Kal. Extra Prima. 15 Steine. Breguet-Spirale. Monometall. Schraubenunruh. Besonderheit: gelbgold-weißgold-gestreiftes Gehäuse.
(A. Bauer) 14.000,-/20.000,-

87 Waltham
30er Jahre. 14 kt. Gelbgold. Handaufzug.
(Privatbesitz) 1.000,-/1.800,-

88 Rolex Prince für den 1/4 Century Club des Eaton-Konzerns
30er Jahre. 14 kt. Gelbgold. Handaufzug. Kal. 300. 15 Steine. Breguet-Spirale. Superbalance-Unruh.
(Privatbesitz) 10.000,-/14.000,-

89 A

89 B

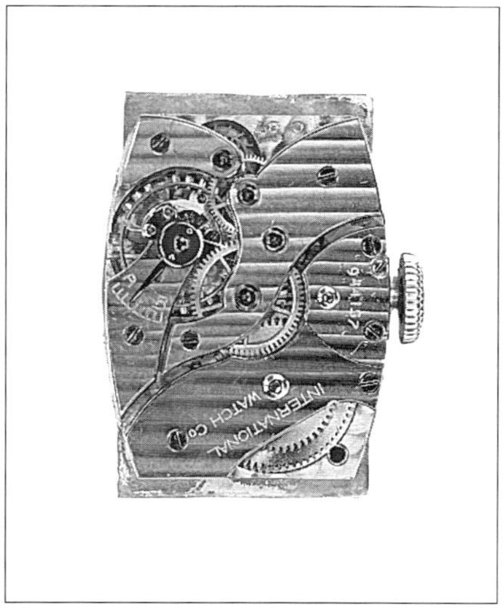

89 C

89 IWC
40er Jahre. 18 kt. Gelbgold. Schönes, seitlich graviertes Gehäuse. Handaufzug. Werk Nr. 944157. 8 3/4 x 11''', Formwerk, Kal. 87. 17 Steine. Breguet-Spirale. Bimetall. Unruh.
(Privatbesitz) 2.800,-/4.500,-

90 Movado
1940. 14 kt. Gelbgold. Bewegliche Anstöße. Rundes Handaufzugswerk. 17 Steine. Flachspirale. Monometall. Schraubenunruh.
(Voithenberg) 1.800,-/3.200,-

91 Helvetia
1940. Edelstahl. Wasserdicht. Handaufzug. Werk Nr. 120138. 15 Steine. 3 Adjustments. Flachspirale. Bimetall. Unruh. Stoßsicherung. Leuchtzahlen und -zeiger.
(Privatbesitz) 400,-/700,-

92 Movado
1940. 14 kt. Gelbgold. Rundes Handaufzugswerk. Kal. 150 M. 17 Steine. Flachspirale. Bimetall. Unruh. Besonderheit: ausgefallene Anstöße.
(A. Bauer) 1.500,-/2.800,-

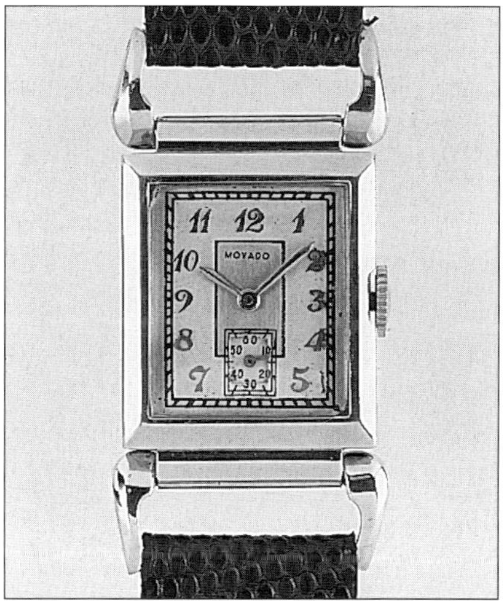

90

91

92 A

92 B

93

94

95

96

97

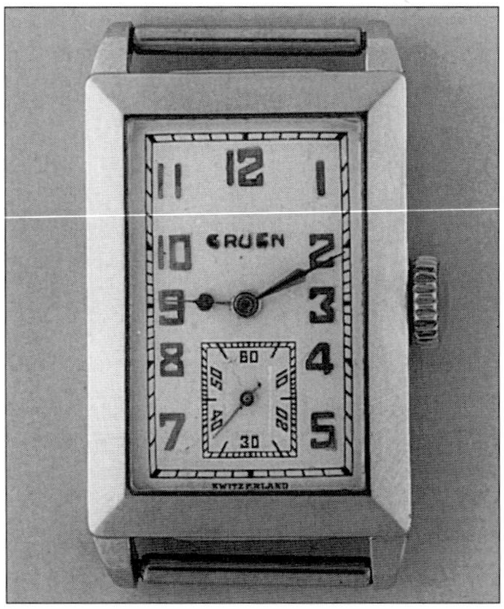

98

93 Helvetia
1940. Edelstahl. Handaufzug. Formwerk. 15 Steine. Flachspirale. Monometallische Schraubenunruh. Stoßsicherung. Verdeckte Bandanstöße.
(Privatbesitz) 400,-/700,-

94 Huber, München
40er Jahre. Stahl. Handaufzug. Kal. 717 von Eta. Formwerk 8 3/4 x 12'''. 17 Steine. Breguet-Spirale. Monometall. Schraubenunruh.
(Privatbesitz) 400,-/800,-

95 Huber, München
1940. Edelstahl. Handaufzug. Kal. 20/26 T. von Moeris, Schweiz. 15 Steine. Flachspirale. Monometall. Schraubenunruh. Stoßsicherung (Shock-Absorber).
(Privatbesitz) 800,-/1.000,-

96 Argentina
40er Jahre. Stahl. Handaufzug. Formwerk 7 3/4 x 11'''. 15 Steine. Flachspirale. Monometall. Schraubenunruh. Bewegliche Anstöße.
(Privatbesitz) 400,-/800,-

97 Jaeger LeCoultre
1940. Stahl. Wasserdicht. Handaufzug. Formwerk 7 3/4 x 11'''. 15 Steine. Flachspirale. Beryllium-Unruh.
(Privatbesitz) 1.500,-/2.500,-

98 Gruen
1940. Stahl. Handaufzug. Formwerk, Gruen Guild 157, Schweiz. 15 Steine. 4 Adjustments. Breguet-Spirale. Bimetall. Unruh.
(Privatbesitz) 400,-/600,-

99 Bulova
Ca. 1942. 10 kt. Gold-filled-Gehäuse. Tankform. Handaufzug. Ankerformwerk 6 AE. 21 Steine. Breguet-Spirale. Monometall. Schraubenunruh.
(Henrys) 1.000,-/1.400,-

100 Elgin
Um 1940. 14 kt. Rotgold. Kupferfarbenes Zifferblatt, Weißgold-Ziffern, Art déco. Handaufzug. Brückenwerk. 15 Steine, teilweise verschraubte Chatons, Genfer Streifen.
(Henrys) 2.000,-/3.800,-

101 Gruen Curvex Precision
Ca. 1948. 14 kt. Gold. Handaufzug. Kal. 370. 17 Steine. Breguet-Spirale. Monometallische Schraubenunruh. Teilverdeckte Anstöße.
(Henrys) 1.500,-/1.800,-

102 LeCoultre
Um 1944. 14 kt. Gelbgold. Mittige Bandansätze. Handaufzug. Kal. 438/4 CW, achteckiges Formwerk. 17 Steine. Flachspirale. Glucydur-Unruh.
(Privatbesitz) 1.600,-/2.800,-

103 Girard Perregaux
Ca. 1942. 14 kt. Gelbgold. Handaufzug. Formwerk. 17 Steine, teilweise in Chatons. Flachspirale. Glucydur Unruh. Besonderheit: seitliche Gehäuseverstärkungen später.
(Henrys) 2.700,-/3.500,-

104 Patek Philippe
Ca. 1941. 950er Platin. Tankform, Ref. Nr. 504289. Werk Nr. 831383. Kal. 9'''-90. Ankerformwerk. 18 Steine. Flachspirale. Schrauben-Glucydur-Unruh. Aufgefrischtes Zifferblatt.
(Henrys) 12.000,-/18.000,-

99

100

101

102

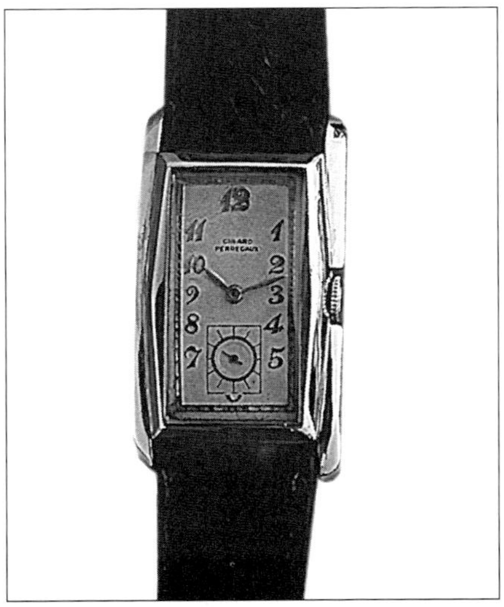
103

104

105

106

107 A

107 B

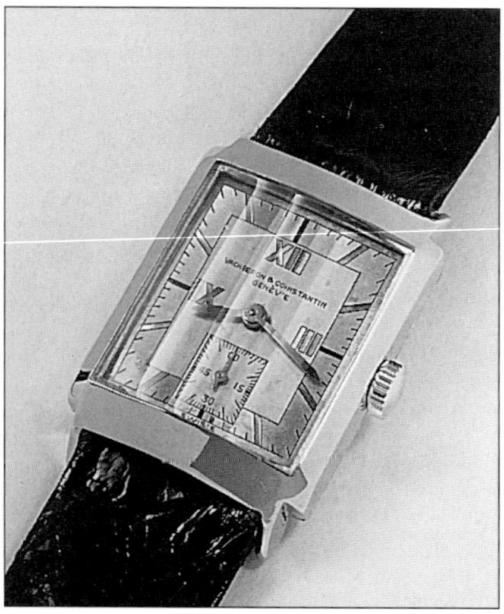
108

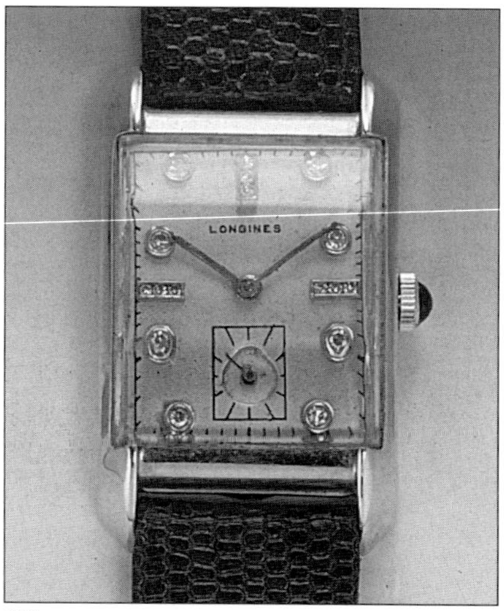
109

105 LeCoultre
Um 1944. 14 kt. Weißgold. Verdeckte ornamentierte Bandanstöße, Diamanten als Stundenindikationen. Handaufzug. Achteckiges Formwerk, Kal. 438/4 CW. 15 Steine. Flachspirale. Glucydur-Unruh.
(Henrys) 1.800,-/2.800,-

106 LeCoultre
Um 1948. 18 kt. Gelbgold. Handaufzug. Vergoldetes lapediertes Formwerk.
17 Steine. Flachspirale. Monomet. Schraubenunruh.
(Joseph) 1.800,-/2.800,-

107 Movado
1940. 14 kt. Gelbgold. Handaufzug. Kal. 510, Formwerk 8 3/4 x 12'''. 17 Steine. Flachspirale. Glucydur-Unruh.
(Voithenberg) 1.600,-/2.800,-

108 Vacheron & Constantin
1940. 18 kt. Gelbgold. Handaufzug. Kal. von LeCoultre. 18 Steine. Breguet-Spirale. Schraubenunruh.
(Voithenberg oder Eder) 8.000,-/11.000,-

109 Longines
Um 1940. 14 kt. Gelbgold, Tankform. Stundenmarkierung in gefaßten Brillanten. Handaufzug. Kal. 22 L. 17 Steine. Breguet-Spirale. Bimetall. Unruh.
(Breitsprecher) 1.800,-/2.500,-

110 Vacheron & Constantin
Anfang 1940. 18 kt. Gelbgold. Werk Nr. 471597. Handaufzug. Kal. V 458. 17 Steine. Breguet-Spirale. Monometall. Schraubenunruh. Temperaturkompensiert.
(Privatbesitz) 6.000,-/9.000,-

111 Longines
Ca. 1948. 14 kt. Gelbgold. Pultfömiges Glas, sogen. »Hourglass«. Handaufzug. Kal. 25.17 (9 LT). 17 Steine. Flachspirale. Glucydur-Unruh.
(Henrys) 1.000,-/1.600,-

112 Doxa
Ca. 1947. Edelstahlgehäuse. Handaufzug. 17 Steine. Flachspirale. Monometall. Schraubenunruh. Besonderheit: Zentralsekunde.
(Joseph) 500,-/800,-

113 Longines
40er Jahre. 14 kt. Gelbgold. Ausgefallene Anstöße. Handaufzug. Kal. 22 L. 17 Steine. Flachspirale. Glucydur-Unruh.
(Breitsprecher) 2.000,-/3.500,-

110 A

110 B

111

112

113

114

115

116

117

118

119

114 LeCoultre »Grashopper«
1952. 10 kt. gold-filled. Handaufzug, lapediertes Ankerformwerk. Kal. 438/4 CW. 17 Steine. Flachspirale. Glucydur-Unruh.
(Joseph) 1.400,-/2.500,-

115 Universal
Ca. 1954. 18 kt. Rosé-Gold. Handaufzug. Kal. 264. 15 Steine. Flachspirale. Bimetall. Unruh.
(Breitsprecher) 800,-/1.800,-

116 Longines »Advocate«
1952. 14 kt. Gelbgold. Zifferblatt mit gefaßten Brillanten als Stundenindex. Handaufzug, Ankerformwerk. Kal. 9 LT. 17 Steine. Flachspirale, Glucydur-Unruh.
(Joseph) 1.500,-/2.500,-

117 Cartier »Curvex-Banana«
Um 1960. 18 kt. Gelbgold. Handaufzug, rhodiniertes Ankerwerk von Bueche Girod, Genf. 17 Steine, Genfer Streifen, 5 Lagen feingestellt. Flachspirale, Glucydur-Unruh. Stoßsicherung.
(Henrys) 8.000,-/14.000,-

118 Universal
Um 1960. 18 kt. Gelbgold. Handaufzug. Kal. 800. 17 Steine. Autokompensierte Flachspirale. Monometall. Schraubenunruh. Stoßsicherung.
(Joseph) 800,-/1.000,-

119 Corum »Buckingham«
1978. 18 kt. Gelbgold. Verdeckte Bandanstöße. Handaufzug. Ref. 5879/31. Basiswerk von Villeret, Kal. 4200. 21 Steine. Flachspirale. Glucydur-Unruh.
(Henrys) 2.500,-/3.800,-

120

Armbanduhren mit Handaufzug

Obwohl klassische Armbanduhren mit Handaufzug sich äußerlich häufig sehr ählich sehen, kann ihr Innenleben große Unterschiede aufweisen. Hinter der Fassade eines eher unbekannten Namens, eines scheinbar biederen Zifferblattes und eines schmucklosen Gehäuses können sich durchaus technische Kleinodien verbergen. Solche zu entdecken erfordert sachliches Wissen und natürlich einen geschulten Blick durch die Lupe. Dadurch eröffnen sich freilich Chancen, zu einem vergleichsweise günstigen Preis ein herausragendes Stück Armbanduhrengeschichte erwerben zu können.

121

122

123

124

125

126

120 Rolex Precision
1943. 18 kt. Gelbgold. Ref. 3750. 17 Steine. Zentralsekunde. Breguet-Spirale. Superbalance.
(Henrys) 3.000,-/4.500,-

121 Omega
Um 1933. Edelstahlgehäuse. Handaufzug. Kal. 26,5. 15 Steine. Breguet-Spirale. Bimetall. Unruh.
(Henrys) 700,-/1.200,-

122 Cyma de Luxe
Um 1938. Kissenförmiges Stahlgehäuse. Ref. Nr. 234. Handaufzug. 15 Steine. Flachspirale. Monometall. Schraubenunruh.
(Henrys) 300,-/500,-

123 Movado Chronoplan
1937. Edelstahl. 2 drehbare Lünetten zum Zählen von Stunden und Minuten. Handaufzug. 15 Steine. 4 Adjustments. Breguet-Spirale. Bimetall. Kompensationsunruh.
(Privatbesitz) 1.000,-/1.800,-

124 A. Lange u. Söhne, Glashütte
1930. 14 kt. Gold. Handaufzug. Nr. 81475. 3/4 Platinenwerk. Goldanker, -rad. Breguet-Spirale. Bimetall. Unruh mit Goldschrauben.
(Crott) 8.000,-/11.000,-

125 Rolex
Ende 1930. Kissenfömige 9 kt. Golduhr. Handaufzug. 15 Steine. Breguet-Spirale. Bimetall. Unruh. Zifferblatt aufgefrischt.
(Privatbesitz) 1.200,-/1.600,-

126 Universal
Ende 1930er Jahre. Kissenfömiges, 14 kt. Goldgehäuse. Handaufzug. 17 Steine. Flachspirale. Zifferblatt aufgefrischt.
(Privatbesitz) 900,-/1.600,-

127 Longines
Anfang 40er Jahre. 18 kt. Rotgoldgehäuse, unsign. Handaufzug. 16 Steine. Zentralsekunde. Flachspirale. Bimetall. Unruh.
(Breitsprecher) 1.200,-/1.800,-

128 Rolex
Um 1943. Quadratisches Stahlgehäuse. Ref. 4031. 17 Steine. Indirekte Zentralsekunde. Superbalance.
(Henrys) 1.500,-/2.200,-

129 Patek Philippe, »Calatrava«
40er Jahre. 18 kt. Gelbgold. Handaufzug. Kal. 12-120. 18 Steine. Temperatur- und 5-Lagen-justiert. Breguet-Spirale. Glucydur-Unruh.
(Joseph) 8.000,-/11.000,-

130 Ulysse Nardin
40er Jahre. Edelstahl. Handaufzug. 18 Steine. Breguet-Spirale. Glucydur-Unruh.
(Privatbesitz) 600,-/900,-

131 Patek Philippe
40er Jahre. 18 kt. Gelbgold, Ref. 1528. Handaufzug. 12'''-120. 18 Steine. Breguet-Spirale. Glucydur-Unruh.
(Privatbesitz) 7.500,-/10.000,-

132 Vacheron & Constantin
40er Jahre. 18 kt. Gold. Handaufzug. 17 Steine. Krone bei der XII.
(Mercier) 7.000,-/10.000,-

127

128

129

130

131

132

133

134

135

136

137 A

137 B

133 IWC
40er Jahre. 18 kt. Gelbgold. Handaufzug. 12''', Kal. 83. 16 Steine. Breguet-Spirale. Bimetall. Unruh. Stoßsicherung Incabloc.
(Breitsprecher) 2.400,-/3.500,-

134 Omega
40er Jahre. Edelstahl. Handaufzug. Kal. 30 T 2. 16 Steine. Breguet-Spirale. Bimetall. Unruh. Zentralsekunde.
(Breitsprecher) 500,-/950,-

135 Patek Philippe
40er Jahre. 18 kt. Gelbgold, Ref. 1491. Geschwungene Bandanstöße. Handaufzug. 12'''-120. 18 Steine. Breguet-Spirale. Glucydur-Unruh.
(Breitsprecher) 8.000,-/11.000,-

136 Moeris
40er Jahre. Stahl. Drehlünette. Handaufzug. Kal.: Moeris. 17 Steine. Flachspirale. Glucydur-Unruh.
(Privatbesitz) 200,-/300,-

137 Zenith
1940. 18 kt. Gold. Handaufzug für den US-Markt. 11 1/4 '''. 15 Steine. Breguet-Spirale. Bimetall. Unruh. Ziseliertes Werk. Zifferblatt aufgefrischt.
(Privatbesitz) 800,-/1.100,-

138 Omega
Um 1940. Edelstahl. Wasserdicht. Handaufzug. Kal. 17.8. Formwerk. 17 Steine. Flachspirale. Kompensationsunruh.
(Breitsprecher) 400,-/900,-

139 Longines
Um 1945. 14 kt. Weißgold. Handaufzug. Kal. 22 L. Diamanten als Ziffern. Breguet-Spirale. Monometall. Schraubenunruh.
(Henrys) 2.000,-/2.800,-

140 IWC Mark XI
Ab 1948. Edelstahl. 12''', Kal. 89. 17 Steine. Breguet-Spirale. Indirekte Zentralsekunde. Glucydur-Unruh, Unruh-Stopvorrichtung durch die Krone. Incabloc-Stoßsicherung.
(IWC) 2.500,-/3.500,-

141 Omega
Um 1949. Verschraubtes Edelstahlgehäuse. Handaufzug. Kal. 266. 17 Steine. Breguet-Spirale. Autokomp.-Unruh. Incabloc-Stoßsicherung.
(Breitsprecher) 400,-/800,-

142 Tavannes-Cyma, Militäruhr
Ende 40er Jahre. Edelstahl. Handaufzug. 15 Steine. Breguet-Spirale. Glucydur-Unruh.
(Privatbesitz) 400,-/800,-

138

139

140

141

142 A

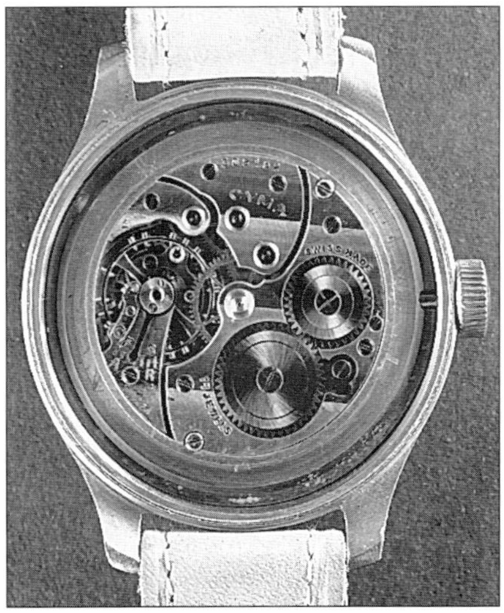
142 B

143

144

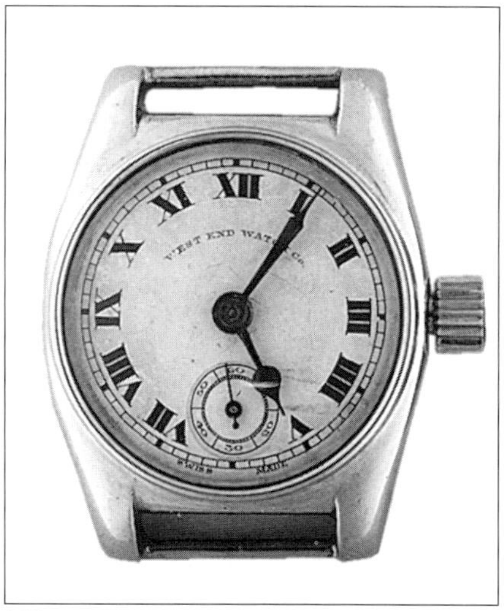

145

146

147 A

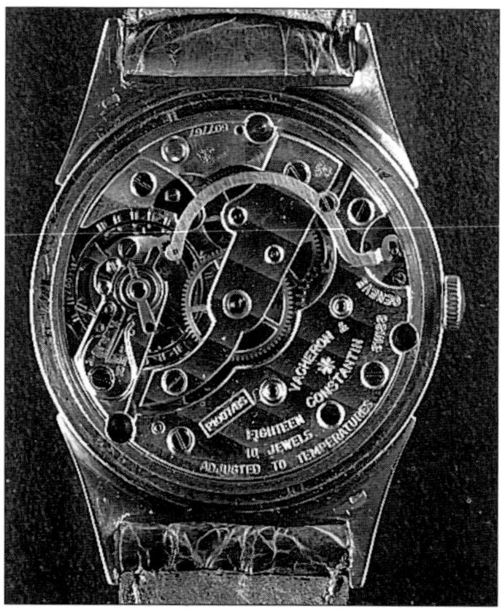

147 B

143 Rolex Precision
Um 1950. 18 kt. Gelbgold. Ref. 3667. Handaufzug. 17 Steine. Breguet-Spirale. Superbalance.
(Breitsprecher) 2.000,-/3.800,-

144 IWC
50er Jahre. Stahl. Tropfenförmige Anstöße. Handaufzug. 12''', Ankerwerk, Kal. 88. 16 Steine. Breguet-Spirale. Monometall. Schraubenunruh.
(Privatbesitz) 800,-/1.600,-

145 West-End-Watch
50er Jahre. Kissenförmiges Stahlgehäuse. Handaufzug. Ankerhemmung. Flachspirale. Nickel-Unruh.
(Privatbesitz) 200,-/300,-

146 Omega
50er Jahre. Gelbgold. Handaufzug. Kal. 265. 15 Steine. Flachspirale. Glucydur-Unruh. Stoßsicherung.
(Privatbesitz) 1.200,-/1.500,-

147 Vacheron & Constantin
50er Jahre. 18 kt. Gelbgold. Handaufzug, Werk Nr. 507767. Kal. P 1007/BS. 18 Steine. Breguet-Spirale. Glucydur-Unruh. Temperaturkompens. Stoßsicherung. Sekundenstop durch Krone (anhaltbare Unruh).
(Privatbesitz) 4.000,-/6.000,-

148 Minerva
50er Jahre. 18 kt. Gold. Handaufzug. Zentralsekunde. Stoßsicherung.
(Breitsprecher) 1.200,-/1.900,-

149 Marvin
50er Jahre. Verchromtes Metallgehäuse. Handaufzug. Kal. 360. Direkte Zentralsekunde. 15 Steine. Autokomp.-Spirale. Glucydur-Unruh.
(Breitsprecher) 350,-/500,-

150 Vacheron & Constantin
50er Jahre. 18 kt. Gold. Handaufzug. Kal. 466, 9'''. 17 Steine. Breguet-Spirale. Glucydur-Unruh.
(Mercier) 6.000,-/9.800,-

151 Eterna
50er Jahre. Edelstahl. Handaufzug. Kal. 1020. 15 Steine. Flachspirale. Glucydur-Unruh.
(Henrys) 300,-/600,-

152 Ecole d'Horlogerie Genf
50er Jahre. Edelstahl. Handaufzug. Kal. von Patek Philippe, 12'''-400. 18 Steine. Breguet-Spirale. Monometall. Schrauben-Unruh. Stoßsicherung. Feinregulierung.
(Privatbesitz) 3.000,-/4.000,-

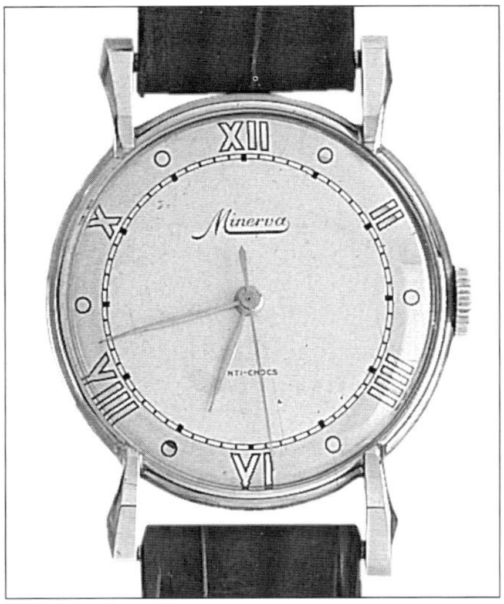

148

149

150

151

152 A

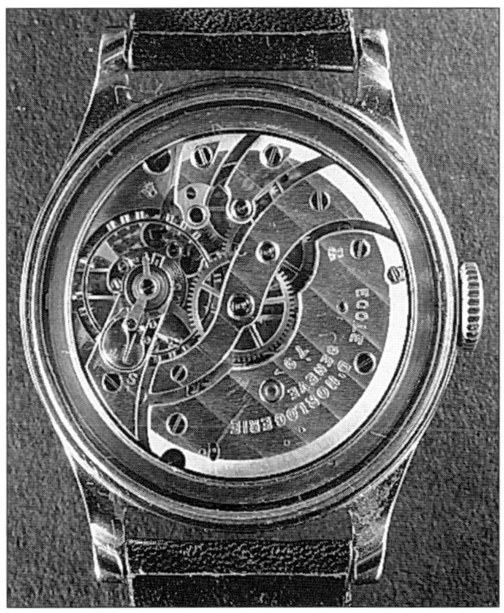
152 B

153

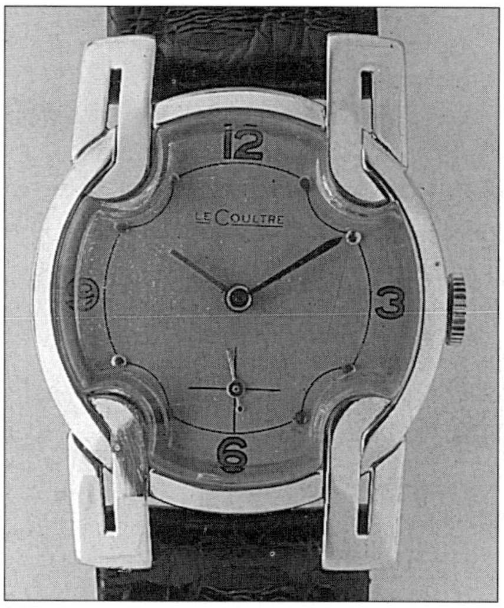

154

155

156

157 A

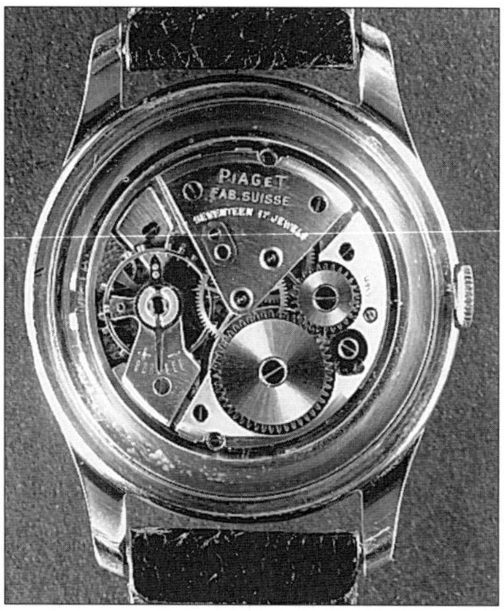

157 B

153 LeCoultre
50er Jahre. Stahl. Handaufzug.
(Privatbesitz) 700,-/900,-

154 LeCoultre Coronet
Um 1952. 10 kt. Weißgoldfilled Gehäuse mit markanten Anstößen. Handaufzug. Kal. 480/CW. 17 Steine. Flachspirale. Schraubenunruh.
(Joseph) 800,-/1.500,-

155 Wittnauer
Um 1952. 14 kt. Gelbgold. Handaufzug. Werk von Revue, Schweiz, Kal. 76/1. 17 Steine. Flachspirale. Monometall. Schraubenunruh.
(Henrys) 700,-/1.200,-

156 Juvenia
Um 1952. Edelstahl. Model MFG. Handaufzug. 17 Steine. Flachspirale. Glucydur-Unruh.
(Henrys) 250,-/600,-

157 Piaget
Um 1956. 18 kt. Gold. Handaufzug. 10 1/2''', Eta-Kaliber. 17 Steine. Direkte Zentralsekunde. Flachspirale. Monometall. Schrauben-Unruh. Incabloc-Stoßsicherung.
(Privatbesitz) 2.000,-/3.000,-

158 IWC
Um 1954. Edelstahl. Handaufzug. Kal. 89. 16 Steine. Autokomp.-Spirale. Bimetall. Unruh. Incabloc-Stoßsicherung.
(Breitsprecher) 900,-/1.600,-

159 Audemars Piguet für Cartier
Um 1958. 950er Platin. Original-Platinband. Handaufzug. Kal. 2001. 18 Steine. Breguet-Spirale. Glucydur-Unruh.
(Henrys) 6.000,-/9.500,-

160 Zenith Pilot
Um 1955. Doublé. Handaufzug. 12''', Kal. 120. 18 Steine. Flachspirale. Monometall. Schrauben-Unruh. Zentralsekunde, Unruhstopvorrichtung.
(Privatbesitz) 600,-/800,-

161 Audemars Piguet
Ende 50er Jahre. 18 kt. Gelbgold. Handaufzug. Kal. 2001, 9'''. 18 Steine. Breguet-Spirale. Glucydur-Unruh.
(Privatbesitz) 4.000,-/4.800,-

162 Omikron
1960. Metall verchromt. Schwarzes Zifferblatt, Leuchtzeiger und -ziffern. Handaufzug. Kal. Unitas. 21 Steine. Flachspirale.
(Breitsprecher) 400,-/600,-

158

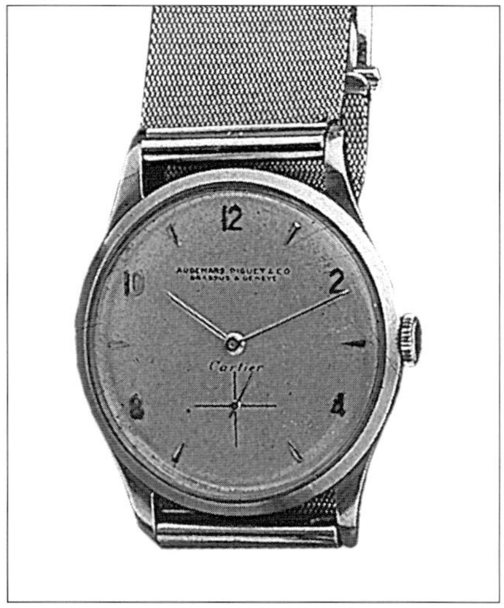

159

160 A

160 B

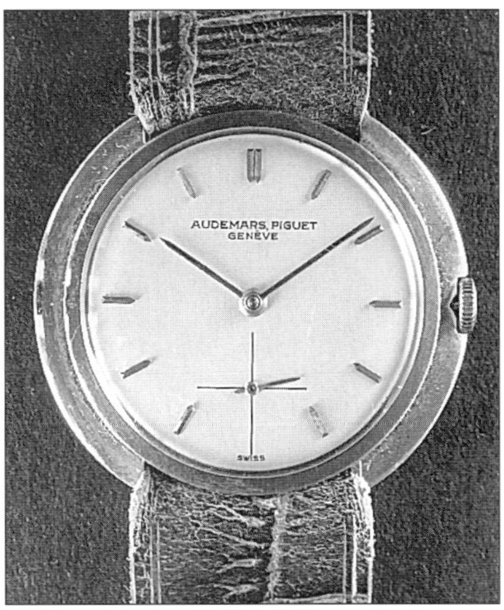

161

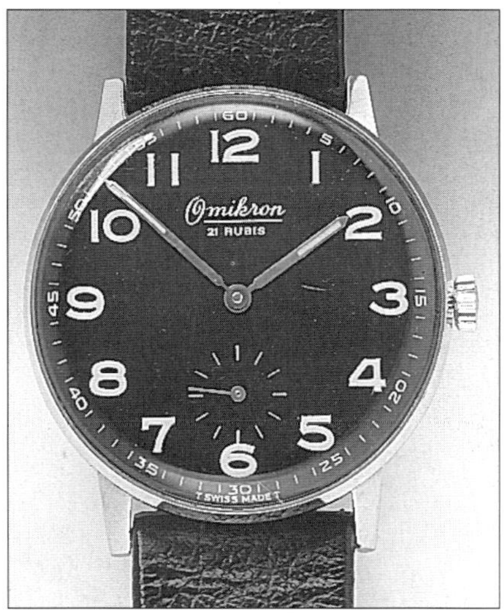

162

163

164

165

166

167

168

163 Astrolux
60er Jahre. Doublé. Handaufzug. 19 Steine. Flachspirale. Glucydur-Unruh. Stoßsicherung.
(Privatbesitz) 400,-/650,-

164 Audemars Piguet
1960. 18 kt. Gelbgold. Handaufzug. Kal. 2001. 18 Steine. Breguet-Spirale. Glucydur-Unruh. Aufgefrischtes Zifferblatt.
(Privatbesitz) 2.000,-/3.500,-

165 LeCoultre
Um 1960. 14 kt. Gelbgold. Kalender. Handaufzug. Kal. 886. Zentralsekunde. 17 Steine. Flachspirale. Glucydur-Unruh. Stoßsicherung.
(Joseph) 1.400,-/1.900,-

166 Ebel
Um 1964. 18 kt. Gelbgold. Wasserdicht. Handaufzug. Kal. 106. 17 Steine. Flachspirale. Glucydur-Unruh. Stoßsicherung.
(Henrys) 950,-/1.600,-

167 Rolex »Precision«
Um 1962. 18 kt. Gelbgold. Ref. 9708. Handaufzug. Kal. 1210. 18 Steine. Breguet-Spirale. Gyromax-Unruh. KIF-Stoßsicherung.
(Breitsprecher) 2.800,-/3.500,-

168 Hamilton
Um 1960. Doublé. Schraubboden. Handaufzug. Kal. 735. 18 Steine. Flachspirale. Schraubenunruh.
(Breitsprecher) 300,-/450,-

169 Longines
Um 1965. 18 kt. Gelbgold. Kalender. Handaufzug. Kal. 701. 17 Steine. Flachspirale. Schraubenunruh. KIF-Stoßsicherung.
(Breitsprecher) 1.000,-/1.600,-

170 Anonym
1965. Stahl. Uhr mit Regulatorzifferblatt. Handaufzug. 15 Steine. Zentralsekunde, kleine Stunde und Minute.
(Privatbesitz) 500,-/750,-

171 Jules Jürgensen, USA/Schweiz
Um 1966. 14 kt. Gelbgold. Handaufzug. 17 Steine. Flachspirale. Glucydur-Unruh.
(Breitsprecher) 900,-/1.600,-

172 Certina
Um 1967. Doublé. Schraubboden. Wasserdicht. Handaufzug. 17 Steine. Flachspirale. Glucydur-Unruh. Stoßsicherung.
(Breitsprecher) 250,-/350,-

173 Audemars Piguet
Um 1969. 18 kt. Gelbgold. Ref. 44369. Handaufzug. Kal. 2003. 17 Steine. Flachspirale. Glucydur-Unruh.
(Henrys) 2.800,-/5.500,-

169

170

171

172

173

174

175

176 A

176 B

177

174 Jules Jürgensen, USA/Schweiz
70er Jahre. 14 kt. Gold. Handaufzug.
17 Steine. Flachspirale. Schraubenunruh.
Stoßsicherung.
(Breitsprecher) 700,-/1.200,-

175 Hamilton
1980. Edelstahlgehäuse. Dienstuhr der US-Army. Schwarzes Blatt mit Leuchtzeigern. Handaufzug. Zentralsekunde. Kal. 11 1/2.
17 Steine.
(Breitsprecher) 200,-/400,-

176 Jean Lassale
Ab 1978. 18 kt. Weißgold. Flachstes, je gebautes Handaufzugswerk. Ref. 3713.
Kal. 1200. 9 Steine, 5 Adjustments. Flachspirale. Glucydur-Unruh. Stoßsicherung.
(Privatbesitz) 4.000,-/6.000,-

177 Raketa, UdSSR
1980. Verchromtes Metall. Edelstahlboden.
17 Steine. Flachspirale. Glucydur-Unruh.
Stoßsicherung.
(Henrys) 200,-/300,-

178

Armbanduhren mit automatischem Aufzug

Auch wenn sie auf den ersten Blick häufig ähnlich aussehen, stecken in Armbanduhren mit automatischem Aufzug technisch vielfach gewaltige Unterschiede. Gemeint sind die Armbanduhren mit automatischem Aufzug, die es seit etwa 1925 gibt.
Besonders die frühen Selbstaufzugsysteme der dreißiger Jahre, die mitunter mehr kurios als alltagstauglich sind, erfreuen sich in den Kreisen spezifischer Sammler großer Beliebtheit. Dies hebt die Preise. Preissteigernd wirkt sich aber auch aus, daß funktionierende Exemplare jener Epoche, als die automatische Armbanduhr noch in den Kinderschuhen steckte, relativ selten sind.
Aber auch Automatikuhren der Jahre nach 1940 sind Gegenstand eines einschlägigen Sammlerinteresses. Sie wurden allerdings in größeren Stückzahlen produziert und haben aufgrund ihrer ausgereifteren Konstruktion zumeist auch nach vielen Jahren ihre Funktionstüchtigkeit bewahrt.

179 A

179 B

180 A

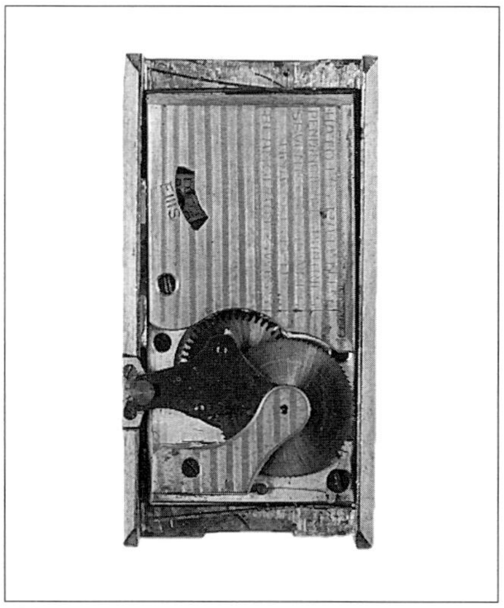

180 B

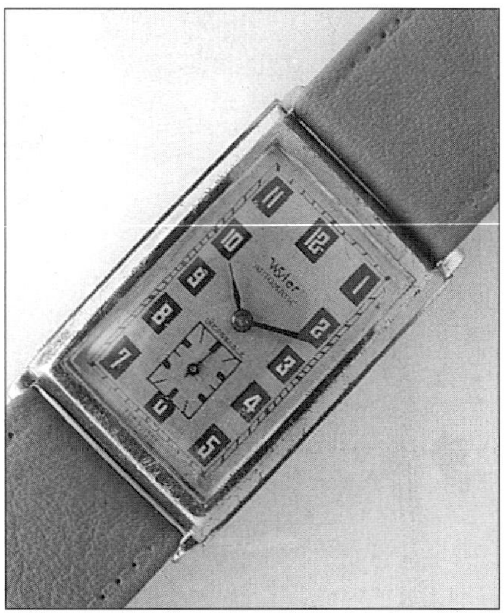

181

182

178 Patek Philippe
80er Jahre. 18 kt. Weißgold. Rotor-Aufzug. Kal. 17-460 M, 5 Adjustments. 37 Steine. Breguet-Spirale. Gyromax-Unruh. Stoßsicherung. Datum.
(Privatbesitz) 6.000,-/8.000,-

179 Harwood
Ende 20er Jahre. Silber. Besonderheiten: Lünette zur Zeigerstellung, roter Punkt zeigt an, daß der Kraftfluß zwischen Werk und Zeigern wiederhergestellt ist. Aufzug durch Hammer-Automatik. Kal. 10 1/2. 15 Steine. Flachspirale. Kompensationsunruh.
(Privatbesitz) 1.400,-/2.500,-

180 Rolls
Anfang 30er Jahre. Doublé. Scharniergehäuse. Werk bewegt sich im Gehäuse und zieht so auf. Kal. 5 1/2'''. 17 Steine. Flachspirale. Bimetall. Unruh.
(Voithenberg) 800,-/1.600,-

181 Wyler
Frühe 30er Jahre. Chrom-Nickel-Scharniergehäuse. Krone auf der Rückseite. Ankerwerk. Aufzug durch Druck des Außenbodens auf einen Dorn im Innenboden. 17 Steine. Flachspirale. Bimetall. Unruh.
(Joseph) 900,-/1.300,-

182 Wig-Wag
für J. Stern, Johannesburg
30er Jahre. Chrom. Automatic-Aufzug. Rundes Ankerwerk von »Aster«. 17 Steine. Flachspirale.
(Henrys) 1.100,-/1.800,-

183 Perpetual
1935. Vergoldetes Gehäuse. Automatik mit Pendelschwingmasse. Kal. gebaut von Frey, Biel, Formankerwerk, 4 Lagen justiert. 15 Steine. Flachspirale. Bimetall. Unruh.
(Joseph) 1.100,-/1.800,-

184 Perpetual
1935. Doublé Gehäuse. Krone links. Pendelschwungmasse. 15 Steine. Flachspirale. Bimetall. Unruh.
(Henrys) 1.100,-/1.800,-

185 Autorist
1935. 9 kt. Roségold. Seitliches Scharnier. Automatik. Aufzug über die Veränderung des Handgelenkumfangs (bewegliche Anstöße). Formwerk 796 von A. Schild S. A., Kal. 6 3/4'''. 15 Steine. Flachspirale. Schraubenunruh.
(Joseph) 1.200,-/1.500,-

186 Omega
Ende 40er Jahre. 18 kt. Gelbgold. Aufzug durch Hammerautomatik. Kal. 28.10. 17 Steine. Nivarox-Spirale. Kompensations-Unruh.
(Breitsprecher) 1.200,-/1.800,-

187 LeCoultre
1948/50. 18 kt. Gehäuse. Gangreserve bei der 12. Hammerautomatik. Kal. 481. 17 Steine. Breguet-Spirale. Schrauben-Unruh. Stoßsicherung Superchoc.
(Privatbesitz) 2.000,-/3.000,-

188 Movado, Tempomatic
Ende 40er Jahre. Verschraubtes Edelstahlgehäuse. Aufzug durch Hammerautomatik. Kal. 220. 17 Steine. Autokomp.-Spirale. Kompensationsunruh.
(Breitsprecher) 700,-/1.200,-

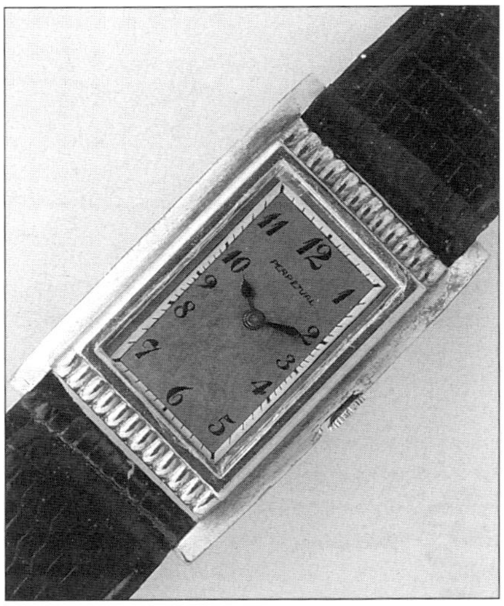

183

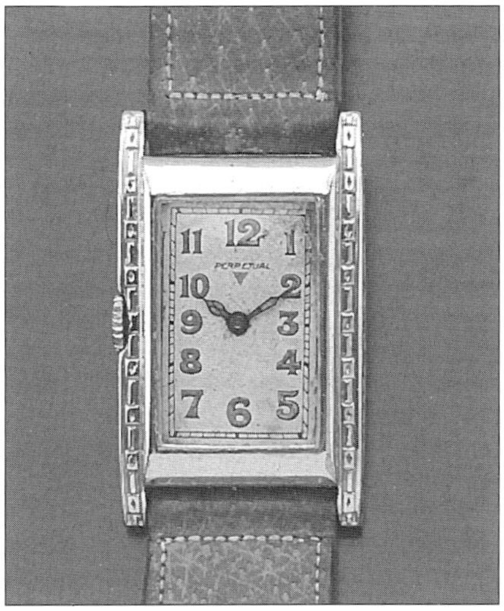

184

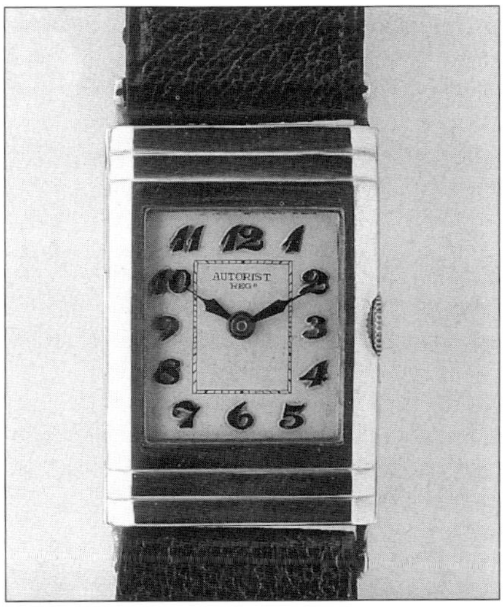

185

186

187

188

189

190

191

192

193 A

193 B

189 Omega
Ende 40er Jahre. Gelbgold. Gangreservenanzeige im Zentrum. Aufzug durch Hammerautomatik. Kal. 351. 17 Steine. Flachspirale. Glucydur-Unruh. Incabloc-Stoßsicherung.
(Omega) 1.600,-/2.500,-

190 Doxa
1950. Stahl mit Rotgoldlünette. Zentralsekunde. Aufzug durch Hammerautomatik. 11''', Kal. AS 1250. 17 Steine. Flachspirale. Monometall. Schrauben-Unruh. Incabloc-Stoßsicherung.
(Privatbesitz) 300,-/500,-

191 Wilboi
50er Jahre. Stahl. Gangreserve bei der 12. Aufzug: Rotorautomatik Permutator. 11 1/2''', Kal. Felsa 699. 17 Steine. Flachspirale. Glucydur-Unruh. Incabloc-Stoßsicherung.
(Privatbesitz) 400,-/600,-

192 Alpina
Um 1950. Edelstahl. Aufzug durch Hammerautomatik. Kal. 582. 17 Steine. Flachspirale. Glucydur-Unruh.
(Privatbesitz) 400,-/600,-

193 Movado
Um 1950. Quadratisches Gold-filled Gehäuse. Aufzug durch Hammerautomatik. 12''', Kal. 115. Rundes Werk. 17 Steine. Flachspirale. Bimetall. Kompensations-Unruh. Incabloc-Stoßsicherung.
(Voithenberg) 900,-/1.700,-

194 Lange
1950. Stahl. Rotor-Aufzug. »Bidinator«. Kal. Felsa 1560. 17 Steine. Flachspirale. Bimetall. Unruh. Incabloc-Stoßsicherung. Feinregulierung.
(Privatbesitz) 600,-/800,-

195 Movado Tempomatik
Um 1950. Doublé. Aufzug durch Hammer-automatik. Kal. 221. 17 Steine. Flachspirale. Bimetall. Unruh. Incabloc-Stoßsicherung.
(Privatbesitz) 600,-/1.100,-

196 Junghans
Frühe 50er Jahre. Doublée. Gangreserve bei der »6«. Rotoraufzug. Kal. 80/12. 22 Steine. Flachspirale. Glucydur-Unruh. Stoßsicherung.
(Privatbesitz) 600,-/800,-

197 IWC
1951. 18 kt. Gold. Rotoraufzug. Zentralsekunde. 10 1/2''', Kal. 85. 21 Steine. Flachspirale. Incabloc-Stoßsicherung.
(Privatbesitz) 1.800,-/2.800,-

198 Jaeger LeCoultre »Futurematic«
1953. Edelstahl. Krone auf der Rückseite (nur Zeigerstellung). Pendelschwungmasse. 14''', Kal. 497. 17 Steine. Flachspirale. Glucydur-Unruh. Gangreserveanzeige durch Fenster bei der »9«. Kleine Sekunde bei der »3«.
(Privatbesitz) 1.000,-/2.200,-

199 Vacheron & Constantin
Um 1950. 18 kt. Gelbgold. Zentralsekunde. Aufzug durch Hammerautomatik, Nr. 494872. 12''', Kal. 477/1, Rohwerk von LeCoultre. 17 Steine. Breguet-Spirale. Monometall. Schrauben-Unruh.
(Privatbesitz) 3.600,-/5.800,-

194

195

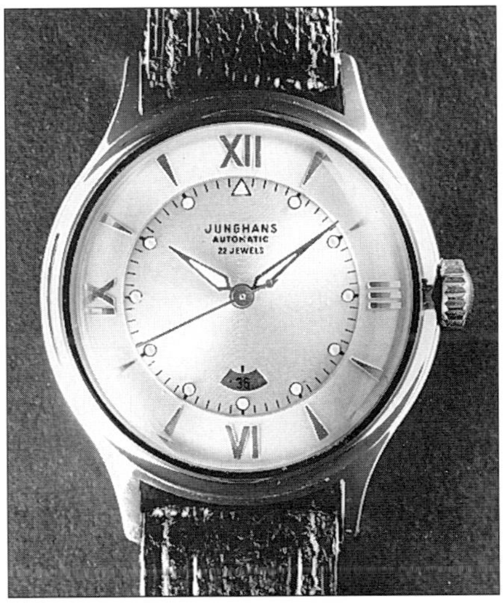

196

197

198

199

200

201

202

203

204

205

200 LeCoultre Futurematic
1954. 10 kt. Gold-filled. Krone für Zeigerstellung auf der Rückseite. Kal. 497. Hammerautomatikaufzug. 17 Steine. Flachspirale. Glucydur-Unruh. Stoßsicherung. Gangreserveanzeige bei der »9«.
(Privatbesitz) 1.000,-/1.600,-

201 Mondia
Um 1955. Edelstahl. Gangreserve bei 12, Zentralsekunde, wasserdicht. Rotoraufzug. Kal. AS 1382 N. 17 Steine. Flachspirale. Glucydur-Unruh. Incabloc-Stoßsicherung.
(Henrys) 500,-/800,-

202 Longines
Um 1955. 10 kt. Gelbgold. Rotor-Aufzug. Kal. 19 AS. 17 Steine. Autokomp.-Flachspirale. Bimetall. Unruh. Incabloc-Stoßsicherung.
(Breitsprecher) 600,-/800,-

203 Omega
1955. 14 kt. Gelbgold. Rotoraufzug. Kal. 470. Feinregulierung.
(Breitsprecher) 1.100,-/1.800,-

204 Girard Perregaux Gyromatic
1955. Edelstahl. Goldlünette. Kal. 47 EU 753. 17 Steine. Nivarox-Spirale. Bimetall. Unruh. Incabloc-Stoßsicherung.
(Privatbesitz) 500,-/800,-

205 Eska
Um 1955. Edelstahl. Gangreserveanzeige bei der »12«. Rotoraufzug. 11 1/2''', Kal. AS 1382. 17 Steine. Flachspirale, Glucydur-Unruh.
(Privatbesitz) 500,-/700,-

206 Longines Conquest Automatic
1956. Edelstahl. 14 kt. Goldhaube. Wasserdicht, Gangreserve. Rotorautomatik. Kal. 294. 24 Steine. Flachspirale. Glucydur-Schrauben-Unruh. Incabloc-Stoßsicherung.
(Joseph) 1.500,-/2.500,-

207 IWC Ingenieur
Mitte 1950er Jahre. Edelstahl. Kalender. Indirekte Zentralsekunde. Rotoraufzug. 12 3/4''', Kal. 852. 21 Steine. Breguet-Spirale. Monometall. Schrauben-Unruh. Incabloc-Stoßsicherung.
(Privatbesitz) 2.000,-/3.000,-

208 Omega Seamaster Olympic
1956. 18 kt. Gelbgold. Rotoraufzug, rotvergoldetes Ankerwerk. Kal. 471. 19 Steine. Breguet-Spirale. Glucydur-Unruh. Incabloc-Stoßsicherung.
(Joseph) 1.800,-/2.500,-

209 LeCoultre Automatic
1956. 10 kt. Gehäuse gold-filled. Aufzug durch Hammerautomatik. 9''', Kal. 812. 17 Steine. Flachspirale. Glucydur-Unruh. Stoßsicherung.
(Henrys) 700,-/1.100,-

210 Mido »Multifort«
1958. Edelstahl. Wasserdicht. Rotoraufzug »Powerwind«. 17 Steine. Nivarox-Spirale. Glucydur-Unruh. Incabloc-Stoßsicherung.
(Breitsprecher) 300,-/600,-

211 Eterna
1958. Stahl. Rotor-Aufzug. Goldener Rotor. Kal. 2365. Flachspirale. Glucydur-Unruh. Stoßsicherung. Damals kleinstes Automatikwerk der Welt.
(A. Bauer) 500,-/800,-

206

207

208

209

210

211

212

213

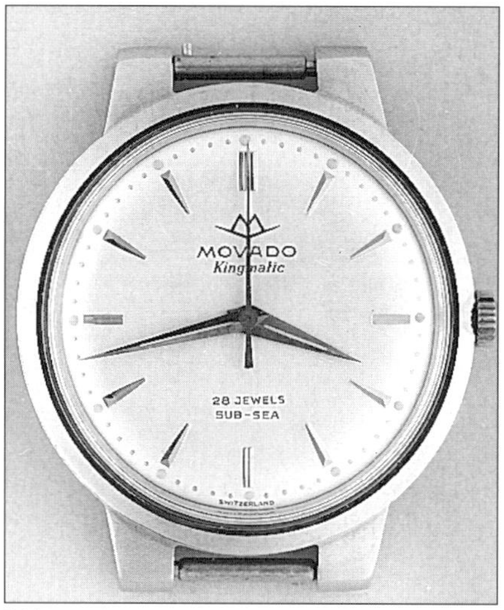

214

215

216

217

212 Eterna-matic »Centenaire«
60er Jahre. 18 kt. Gelbgold. Datum. Rotor-Aufzug, kugelgelagert. Kal. 1438/U. 21 Steine. Flachspirale. Autokomp. Beryllium-Unruh. Stoßsicherung. Exzenter Feinregulierung.
(Breitsprecher) 1.200,-/1.800,-

213 Longines »Conquest«
1957. Edelstahl. Wasserdicht. Kalender. Aufzug: Excenter Automatic. Kal. 19 ASD. 19 Steine. Autokomp.-Spirale. Glucydur-Unruh. Incabloc-Stoßsicherung.
(Henrys) 800,-/1.400,-

214 Movado Kingmatic »Subsea«
1960. Edelstahl. Wasserdicht. Rotor-Aufzug. Kal. 531. 28 Steine. Flachspirale. Bimetall. Unruh. Incabloc-Stoßsicherung. Feinregulierung.
(Privatbesitz) 900,-/1.600,-

215 Poljot, UdSSR
1960. Stahl. De Luxe Automatic. Rotor-Aufzug. 29 Steine. Flachspirale. Bimetall. Schraubenunruh. Stoßsicherung.
(Privatbesitz) 200,-/280,-

216 Vacheron & Constantin
1960. 18 kt. Gold. Datum. Goldrotor. Kal. VC PI 1090. Rubinrollen. 21 Steine. 5 Adjustments. Breguet-Spirale. Gyromax-Unruh. Stoßsicherung. Besonderheit: 18 kt. Goldrotor.
(Privatbesitz) 4.500,-/7.500,-

217 Girard Perregaux Gyromatic
Um 1960. Stahl-Stülpgehäuse. Rotor-Aufzug. Kal. 21/904. 17 Steine. Autokomp.-Flachspirale. Glucydur-Unruh. Incabloc-Stoßsicherung.
(Breitsprecher) 600,-/950,-

218 Longines Admiral***
Um 1960. 14 kt. Gelbgold. Ref. 69 384 A. Rotor-Aufzug mit Zahnkranz. Kal. 342. 17 Steine. Glucydur-Unruh. Stoßsicherung. Pulsmesser-Skala.
(Joseph) 1.500,-/2.500,-

219 IWC Automatik de Luxe
Um 1960. 18 kt. Gelbgold. Zentralsekunde, Kalender. Rotor-Aufzug. 12 3/4''', Kal. 8531. 21 Steine. Breguet-Spirale. Incabloc-Stoßsicherung.
(Breitsprecher) 2.500,-/3.500,-

220 Omega Seamaster de Ville
Um 1966. 14 kt. Goldfilled Gehäuse. Datum, Zentralsekunde, wasserdicht. Rotor-Aufzug. Kal. 563, vergoldetes Werk. 17 Steine. Autokomp. Flachspirale. Glucydur-Unruh. Stoßsicherung.
(Breitsprecher) 400,-/800,-

221 Jules Jürgensen, Schweiz/USA
Um 1962. Edelstahl. Wasserdicht. Rotor-Aufzug. Kal. AS 1700. 17 Steine. Flachspirale. Glucydur-Unruh. Incabloc-Stoßsicherung.
(Privatbesitz) 400,-/800,-

222 Rolex Oyster Perpetual
1965. 14 kt. Goldfilled Gehäuse. Wasserdicht. Rotor-Aufzug. Kal. 1520. 17 Steine. Nivarox-Spirale. Gyromax-Unruh. KIF-Stoßsicherung.
(Breitsprecher) 1.800,-/2.300,-

223 Juvenia
1965. Edelstahl. Zentralsekunde. Rotor-Aufzug. Kal. 652 - AS 1680. 17 Steine. Incabloc-Stoßsicherung. 24 Stunden-Anzeige.
(Privatbesitz) 1.000,-/1.600,-

218

219

220

221

222

223

224

225

226

227

228

229

224 LeCoultre
Um 1966. 14 kt. Gelbgold. Rotor-Aufzug. 17 Steine. Flachspirale. Glucydur-Unruh. Incabloc-Stoßsicherung. Tages- und Datumsanzeige.
(Henrys) 700,-/1.400,-

225 Universal »Polerouter«
1969. Edelstahl. Wasserdicht, Kalender. Mikrorotor. Kal. 215/1. 28 Steine. Flachspirale. Bimetall. Unruh. Incabloc-Stoßsicherung.
(Breitsprecher) 550,-/800,-

226 Rolex Airking Automatic
Um 1970. Edelstahl. Wasserdicht, verschraubte Krone. Rotor-Aufzug, Ref. 1002. Kal. 1530. Autokomp.-Flachspirale. Glucydur-Unruh. KIF-Stoßsicherung.
(Breitsprecher) 1.000,-/1.200,-

227 Lignal Blindenuhr
1970. Nickel. Aufklappbarer Glasrand. Rotor-Aufzug. 11 1/2''', Kal. Eta 2784. 25 Steine. Flachspirale. Glucydur-Unruh. Stoßsicherung.
(Privatbesitz) 400,-/500,-

228 Patek Philippe
Ab 1979. 18 kt. Gelbgold. Krone auf der Rückseite, zur Zeigerstellung Aufzug durch Rotor. Kal. 1-350. 28 Steine. Breguet-Spirale. Gyromax-Unruh. Stoßsicherung.
(Privatbesitz) 5.000,-/7.500,-

229 Omega Geneve Automatic
1980. Edelstahl. Wasserdicht, Datum. Drehlünette. Rotor-Aufzug, vergoldetes Werk. 21 Steine. Autokomp. Flachspirale und Glucydur-Unruh. Stoßsicherung.
(Breitsprecher) 600,-/950,-

230

Wasserdichte Armbanduhren

Wasserdichte Armbanduhren werden häufig mit dem Namen Rolex in Verbindung gebracht. Dies ist insofern richtig, als diese Firma die erste wirklich wasserdichte Armbanduhr auf den Markt brachte. Diese Tatsache darf freilich nicht darüber hinwegtäuschen, daß es auch vorher schon wasserdichte Gehäuse gab. Deren Schutz vor eindringender Feuchtigkeit währte jedoch nur begrenzt, weil die Konstruktion zu kompliziert und von zu vielen unterschiedlichen Dichtungen abhängig war. Doch auch die Konstruktionen aus den dreißiger, vierziger und fünfziger Jahren hatten ihre spezifischen Dichtungsprobleme. Wasserdicht nach heutiger Definition sind solche Armbanduhren nach vielen Jahren des Gebrauchs in aller Regel nicht mehr. Das Sammeln sollte sich deshalb primär auf die konstruktive Besonderheit von Gehäusetypen beschränken. Den harten Praxistest sollte man solchen Sammleruhren dagegen ersparen.

231

232

233

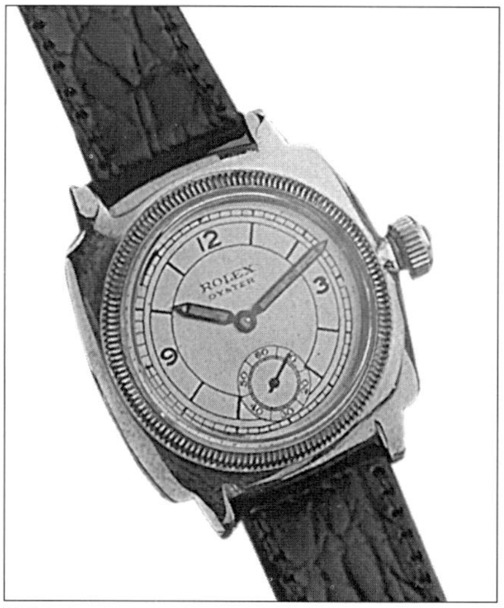

234

235 A 235 B 235 C

230 Elgin
Um 1940. Edelstahl. Gravur U. S. Navy. 234 C. Handaufzug, aufgeschraubter Kronenschutz. 10''', Kal. 539. 16 Steine. Flachspirale.
(Joseph) 900,-/1.300,-

231 Swiss, Anonym
Um 1920. Verschraubtes Nickelgehäuse. Innenteil (Werk) über Scharnier ausklappbar. Handaufzug. 15 Steine.
(Joseph) 500,-/800,-

232 Rolex Oyster Ultra Prima
Um 1928. 18 kt. Gelbgold. 2 x verschraubtes Gehäuse. Bleidichtung, verschraubte Krone. Handaufzug. Vernickeltes Ultra Prima Werk. 15 Steine. In 6 Lagen justiert. Komp.-Spirale. Bimetall. Unruh. »Kanalschwimmer«-Modell.
(Henrys) 6.000,-/10.000,-

233 Rolex Oyster
Um 1935. 9 kt. Gold, Nr. 37216. Schraubkrone, verschraubtes Werk. Handaufzug. 15 Steine. Breguet-Spirale. Superbalance.
(Henrys) 5.500,-/7.000,-

234 Rolex Oyster
Um 1928. Verschraubtes Chromgehäuse und verschraubte Krone. Handaufzug, Ref. 1072. 15 Steine. Breguet-Spirale. Bimetall. Unruh.
(Henrys) 2.500,-/4.500,-

235 Omega
Ca. 1938. 18 kt. Gelbgold. Krone bei der »12«, Schiebegehäuse. Handaufzug. 15 Steine. Breguet-Spirale. Bimetall. Unruh.
(Joseph) 4.000,-/8.500,-

236 BWC
1940. Edelstahl. Frühes wasserdichtes Gehäuse. Handaufzug. Kal. 148 von FEF, 7 3/4 x 11'''. 15 Steine. Breguet-Spirale. Genfer Streifen. Bimetall. Unruh.
(Privatbesitz) 600,-/1.200,-

237 Omega
1940. Edelstahl. Wasserdicht durch Krampen. Handaufzug. Formwerk 7 3/4 x 11'''. 15 Steine. Flachspirale. Bimetall. Unruh.
(Omega) 900,-/1.600,-

238 Rolex »Marina Militare«
Um 1944. Edelstahl, verschraubt. Werk, verschraubte Krone. Handaufzug. 17 Steine. Breguet-Spirale. Monometall. Schraubenunruh. Uhr für die ital. Marine.
(Henrys) 4.000,-/5.500,-

239 Laco Sport
1950. V 2 A Krupp Edelstahl. Verschraubtes Gehäuse. Handaufzug. 10 1/2''' von Durowe. 16 Steine. Flachspirale. Incabloc-Stoßsicherung.
(Privatbesitz) 200,-/300,-

240 Mido Powerwind
1960. Taucheruhr, bis 350 m wasserdicht. Edelstahl. Drehbare Lünette. Rotor-Aufzug. Zifferblatt mit Dekompressionsanzeige.
(Joseph) 800,-/1.200,-

241 Laco Sport
1950. Edelstahl. Wasserdicht. Handaufzug. 17 Steine. Glucydur-Unruh. Stoßsicherung.
(Privatbesitz) 200,-/300,-

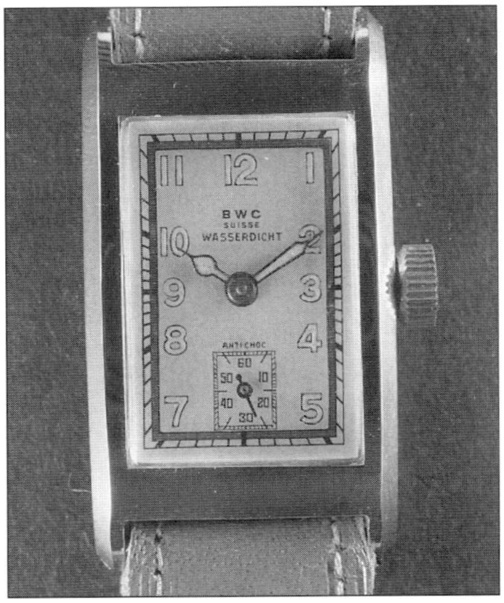

236

237

238

239

240

241

242

243

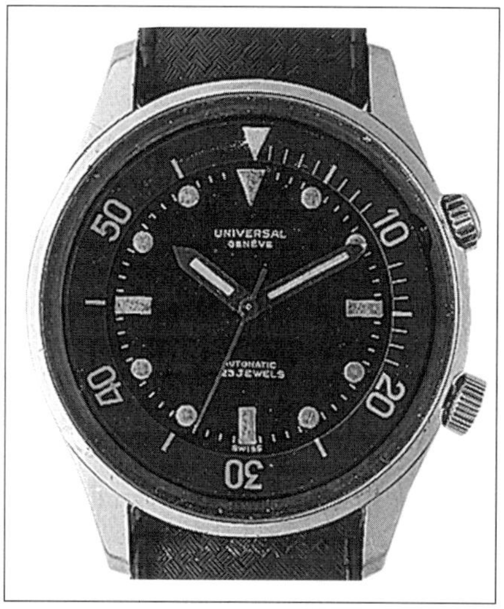

244

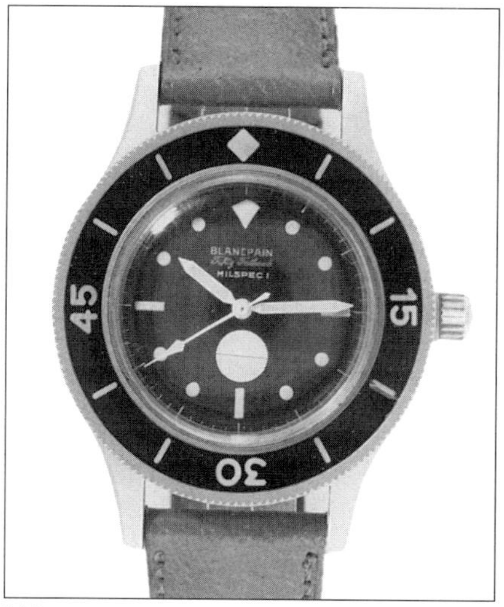

245

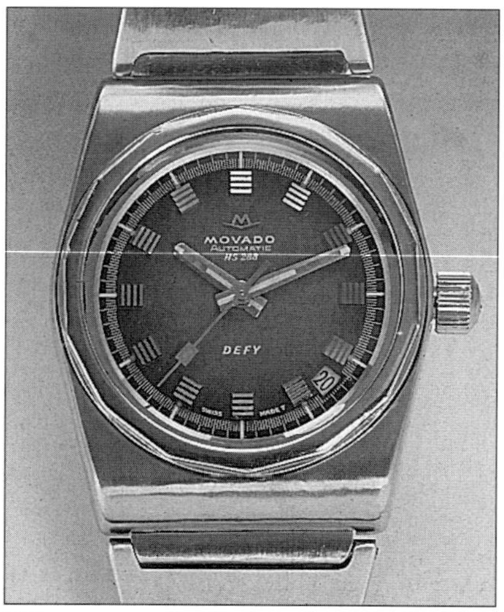

246

247

242 Wittnauer
Um 1965. Edelstahl. 2. Krone für Einstellung des Innenringes. Rotor-Aufzug. Kal. AS 1700. 17 Steine. Flachspirale. Glucydur-Unruh. KIF-Stoßsicherung.
(Breitsprecher) 500,-/700,-

243 Zodiac »Seawolf«
Um 1965. Edelstahl. Drehbare Lünette. Rotor-Aufzug. 17 Steine. Flachspirale. Glucydur-Unruh. Incabloc-Stoßsicherung.
(Breitsprecher) 500,-/700,-

244 Universal
Um 1965. Edelstahl. Verschraubtes Gehäuse. Microrotor-Aufzug. 17 Steine. Flachspirale. Glucydur-Unruh. Incabloc-Stoßsicherung. Drehbare Lünette über 2. Krone.
(Joseph) 800,-/1.400,-

245 Blancpain »Fifty Fathoms Milspec I«
Edelstahl. Schwarze Lünette, drehbar. Rotor-Aufzug. Basiskal. von AS. Flachspirale. Glucydur-Unruh. Bis 200 m wasserdicht.
(Privatbesitz) 1.800,-/2.500,-

246 Movado HS 288
Edelstahl Mod DEFY. Wasserdicht. Rotor-Aufzug. Kal. Movado/Zenith, Schnellschwinger. 17 Steine. Flachspirale. Glucydur-Spirale. Incabloc-Stoßsicherung.
(Breitsprecher) 600,-/1.200,-

247 IWC Aquatimer
1970. Edelstahl. Drehring für Tauchzeit über 2 Kronen einstellbar. Rotor-Aufzug. 13''', Kal. 8541 B. 21 Steine. Breguet-Spirale. Glucydur-Unruh. Incabloc-Stoßsicherung. Taucheruhr bis 200 m. Mit Kalender.
(Privatbesitz) 1.000,-/1.800,-

248

Chronometer

Ein Chronometer ist eine Präzisionsuhr, die in verschiedenen Lagen sowie bei unterschiedlichen Temperaturen reguliert ist und nach der offziellen Prüfung einen Gangschein erhalten hat.

Die Besonderheit eines offiziell geprüften Armbandchronometers besteht freilich darin, daß man seine Qualitäten auch mit der Lupe nicht sehen kann. Das gleiche Kaliber vorausgesetzt, unterscheidet sich sein Werk optisch in der Regel nicht von einem ungeprüften Exemplar. Im Gegenteil: Viele Firmen warben früher damit, daß die Werke ihrer Armbandchronometer den normalen Serien entstammen.

Dieser Sachverhalt hat natürlich auch zur mißbräuchlichen Verwendung des Titels »Chronometer« auf Zifferblättern geführt. Nicht jede Uhr, die sich mit diesem Prädikat schmückt, kann deshalb eine Präzisionsregulierung in fünf Lagen und bei drei verschiedenen Temperaturen, geschweige denn eine offizielle Prüfung über 44 Tage hinweg vorweisen.

Der Erwerb und das Sammeln von Armbandchronometern verlangen deshalb genaue Kenntnisse. Sie erfordern aber auch das Bewußtsein, daß die Anfangspräzision nur eine begrenzte Zeit währt. Es wäre deshalb verfehlt, einen betagten Armbandchronometer heute nur unter dem Gesichtspunkt extremer Ganggenauigkeit zu kaufen.

249

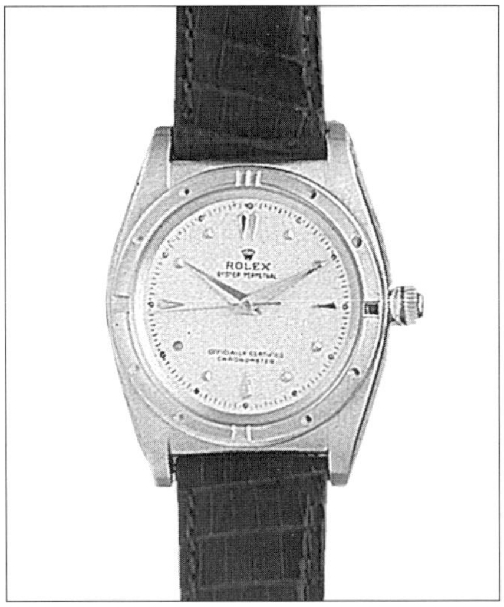

250

251

252

253 A

253 B

248 Omega »Marine Chronometer« Constellation Megaquartz 2,4 MHz
1972. Edelstahl. Goldlünette. Quartzwerk, Kal. 1520. 13 Steine.
(Privatbesitz) 1.500,-/2.000,-

249 Rolex
Oyster Perpetual Chronometer
Um 1945. Edelstahl. Ref. 2940. Nr. 344727. Rotor-Aufzug. 10 1/2'''. 17 Steine. Breguet-Spirale. Superbalance-Unruh.
(Henrys) 2.000,-/3.000,-

250 Rolex Oyster
1940/50. 18 kt. Gelbgold. Rotor-Aufzug. 17 Steine. Breguet-Spirale. Superbalance-Unruh. Mit Original Chronometer-Zertifikat und Schachtel.
(de Cuellar, Zürich) 6.000,-/8.000,-

251 Rolex »Bubble Back«
Um 1943. Automatic Chronometer. Stahl/Gold, Ref. 5011. Wasserdicht. Rotor-Aufzug. 18 Steine. Breguet-Spirale. Superbalance-Unruh.
(Breitsprecher) 2.000,-/3.000,-

252 Rolex Oyster Imperial
für Beyer, Zürich
Um 1945. Edelstahl. Handaufzug - Extra Prima. 10 1/2''', 6 Adjustments. 18 Steine. Breguet-Spirale. Superbalance-Unruh.
(Privatbesitz) 1.800,-/2.500,-

253 Omega Chronometer
Ende 40er Jahre. Edelstahl. Handaufzug. 13 1/4''', Kal. 30 T2 Rg. 17 Steine. Breguet-Spirale. Bimetall. Unruh.
(Privatbesitz) 800,-/1.500,-

254 Eterna-Matic Chronometer
Ca. 1950. 18 kt. Gelbgold. Rotor-Aufzug. Kal. 1247. 21 Steine, 5 Lagen justiert. Flachspirale. Monometall. Schraubenunruh. Stoßsicherung.
(Joseph) 1.000,-/1.400,-

255 Omega Constellation
1952/3. 18 kt. Gelbgold. Rotoraufzug. 12 1/2, Kal. 351. 17 Steine. Flachspirale. Monomet. Ringunruh. Incabloc-Stoßsicherung.
(Breitsprecher) 1.800,-/2.500,-

256 Omega Constellation Chronometer
1954. Edelstahl, wasserdicht. Rotor-Aufzug. Kal. 354. 17 Steine. Flachspirale. Glucydur-Unruh. Incabloc-Stoßsicherung.
(Henrys) 500,-/700,-

257 Omega Constellation
1965. Edelstahl. Wasserdicht, Datum. Rotor-Automatik-Aufzug. Vergoldetes Werk, Kal. 561. 24 Steine. Autokomp. Flachspirale. Kompensations-Unruh. Incabloc-Stoßsicherung.
(Henrys) 600,-/900,-

258 Laco Chronometer
Ende 1950. 14 kt. Gelbgold. Handaufzug. 12''', Kal. 630 von Durowe. Direkte Zentralsekunde. 21 Steine. Flachspirale. Beryllium-Unruh. Stoßsicherung (Duroswing).
(Privatbesitz) 1.000,-/1.500,-

254

255

256

257

258 A

258 B

259 A

259 B

260

261

262

263

259 Junghans Automatik Chronometer
Mitte 60er Jahre. Edelstahl. Datum. Automatik-Aufzug. 12 1/2''', Kal. J 83. Direkte Zentralsekunde. 29 Steine. Flachspirale Nivarox. Monometall. Ringunruh.
(Privatbesitz) 700,-/1.000,-

260 Junghans Chronometer
Ende 60er Jahre. Doublé-Gehäuse. Handaufzug. 12''' 82/1, Nr. 92262. Indirekte Zentralsekunde. 17 Steine. Nivarox-Spirale. Glucydur-Unruh. Stoßsicherung.
(Privatbesitz) 500,-/800,-

261 Eterna-matic Chronometer
1968. Edelstahl mit Goldlünette. Wasserdicht. Rotor-Aufzug. 12 1/4''', Kal. 1414. 21 Steine. Flachspirale. Glucydur-Schraubenunruh.
(Henrys) 400,-/600,-

262 Ulysse Nardin Chronometer
70er Jahre. 18 kt. Gelbgold. Gehäuse wasserdicht, verschraubt. Datum. Rotor-Aufzug. Kal. ETA. 25 Steine. Flachspirale. Glucydur-Unruh. Incabloc-Stoßsicherung.
(Henrys) 1.800,-/2.500,-

263 Universal Chronometer
Um 1970. 18 kt. Gelbgold. Datum. Microrotor-Aufzug. Kal. 69. Flachspirale. Glucydur-Unruh. Incabloc-Stoßsicherung.
(Breitsprecher) 1.200,-/1.600,-

264

Chronographen

Die Chronographen erfreuen sich bei Armbanduhrensammlern schon seit geraumer Zeit einer großen Beliebtheit. Dies liegt zum einen an ihrer Funktionalität, zum anderen aber auch an dem interessanten äußeren Erscheinungsbild. Wie bei anderen Uhrenypen auch:

1. gab es bei den Werken höchst unterschiedliche Qualitäten und Konstruktionen und
2. läßt ein bekannter Name nicht zwangsläufig auf ein eigenes oder ein besonderes Kaliber schließen.

Gerade auf dem Gebiet der Chronographen war die Zahl der verfügbaren Rohwerke von Anfang an sehr begrenzt. Dies bedeutet, daß in Uhren höchst unterschiedlicher Preiskategorien die gleichen Basiskaliber ticken können. Nur der Grad der Feinbearbeitung und der Reglage unterscheidet in vielen Fällen das Produkt des einen von dem eines anderen Herstellers. Mitunter jedoch fallen selbst diese Unterschiede weg und der Name allein bestimmt den Preis.

Deshalb sollte man sich vor dem Erwerb von Chronographen genau überlegen, welchen Kriterien man persönlich den Vorrang geben möchte: dem Jahrgang, dem Zustand, dem Namen, der Technik, dem Grad der Feinbearbeitung, dem Design und/oder dem Gehäusematerial.

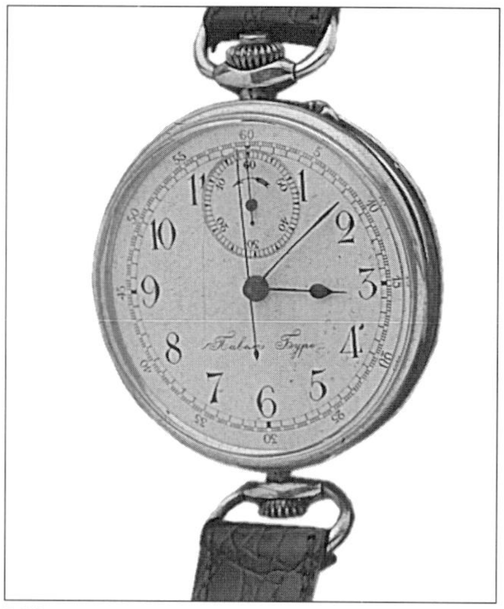

265

266

267

268

264 Breitling Chronomat
1945. Edelstahl. Drehbare Lünette für Rechenaufgaben. Tachymeter- und Telemeterskala. Handaufzug. Kal. Venus 175. 17 Steine. Autokomp.-Spirale und -Unruh. Incabloc-Stoßsicherung. 45-Min.-Zähler.
(Privatbesitz) 1.100,-/2.200,-

265 Pavel Buhré
1908/10. Silber. Emailblatt. Handaufzug. Kal. von Nicolet. 1 Drücker bei der »12«. 60-Minuten-Zähler. 17 Steine. Breguet-Spirale. Bimetall. Unruh.
(Henrys) 4.500,-/6.000,-

266 National Park Chronometre
Um 1928. 18 kt. Gelbgold. Scharniergehäuse. Handaufzug. 17 Steine. 1 Drücker. 30-Minuten-Zähler. Breguet-Spirale. Monometall. Schraubenunruh. Telemeter- und Tachymeterskala. Zifferblatt aufgefrischt.
(Henrys) 3.500,-/5.000,-

267 Anonym
1930. Stahl. 1 Drücker. Handaufzug. 17 Steine. 30-Minuten-Zähler. Breguet-Spirale. Schraubenunruh. Telemeter- und Tachymeterskala.
(Privatbesitz) 1.000,-/1.500,-

268 Omega
1930er Jahre. Silber. 1 Drücker, Emailblatt. Handaufzug. Kal. 28.9 T 1. 30 Min.-Zähler. 17 Steine. Breguet-Spirale. Bimetall. Unruh.
(Omega) 2.000,-/2.700,-

269 A

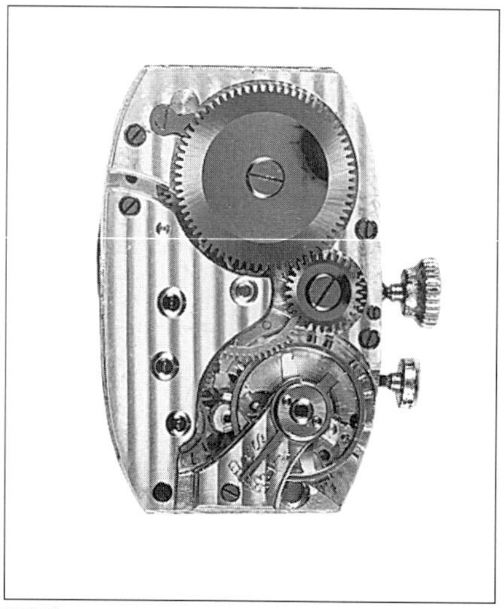

269 B

269 C

269 Invicta
1935. Edelstahl. Handaufzug. Formwerk. 17 Steine. Breguet-Spirale. Zähler laufen rückwärts. Sehr seltene Uhr.
(Voithenberg) 10.000,-/20.000,-

270 Gallet
1935. Edelstahl. Handaufzug. Kal. Venus 140, 13'''. 30-Minuten-Zähler. 15 Steine. Flachspirale. Besonderheit: Stunde/Minute bei der »12«.
(Joseph) 900,-/1.500,-

271 Patek Philippe
1938. 18 kt. Gold. Mod. 1436. Handaufzug. Rattrapante. 25 Steine. Breguet-Spirale. Bimetall. Unruh. 30-Min.-Zähler. Meilenskala.
(Habsburg) 200.000,-/300.000,-

272 Doxa
1938. Metall, verchromt. Regulatorzifferblatt. Handaufzug. Kal. Venus 140, 13'''. 15 Steine. Flachspirale. Glucydur-Unruh. Tachy- und Telemeterskala.
(Henrys) 1.200,-/2.000,-

273 Gruen Chronotimer
40er Jahre. Doublé. Handaufzug. Kal. 450. 17 Steine. 1 Drücker, Pulszähler.
(Privatbesitz) 1.000,-/2.000,-

274 Movado
1939. 18 kt. Gelbgold. Doppelseitiger Chronograph. Handaufzug. 30-Minuten-Zähler. Extrem seltene Uhr.
(Christies) 150.000,-/250.000,-

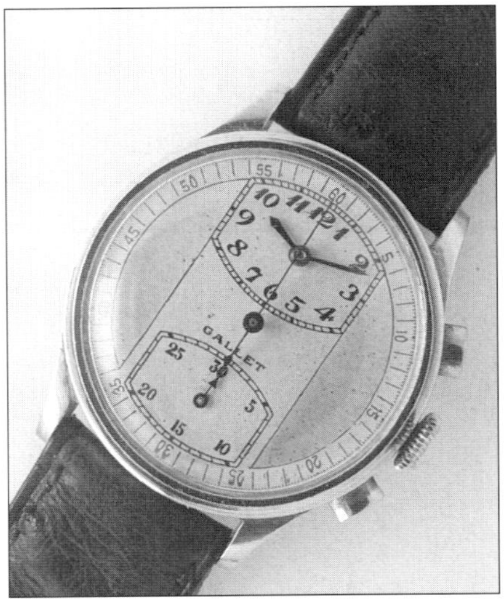

270

271

272

273

274 A

274 B

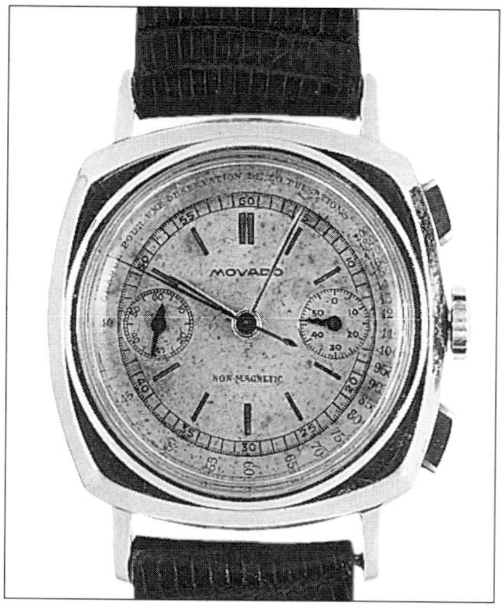

275

276

277

278

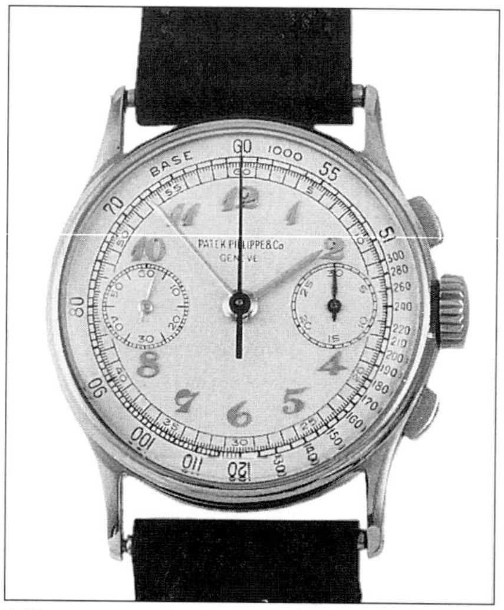

279

280

275 Movado
Ende 40er Jahre. 18 kt. Gold. Handaufzug. 12''', Kal. Movado M 90. 17 Steine. Breguet-Spirale. Glucydur-Unruh. 60-Minuten-Zähler.
(Voithenberg) 4.000,-/6.000,-

276 Pierce
40er Jahre. Edelstahl. Handaufzug. Kal. 130. 17 Steine. Flachspirale. Glucydur-Unruh. 60-Minuten-Zähler. Tachy- und Telemeterskala.
(Omega) 1.000,-/1.500,-

277 Bovet
40er Jahre. Monorattrapante. Edelstahl. Handaufzug. Valjoux, Kal. 84. 17 Steine. Breguet-Spirale. Glucydur-Unruh. 30-Minuten-Zähler. Tachy- und Telemeterskala.
(Privatbesitz) 1.500,-/2.000,-

278 Doxa »Extra«
Edelstahl. Handaufzug. 17 Steine. 30-Minuten-Zähler. Tachy- und Telemeterskala.
(Antiquorum) 800,-/1.200,-

279 Patek Philippe
40er Jahre. 18 kt. Gold. Handaufzug, Modell 130. 13'''. Valjoux-Rohwerk. 23 Steine. Breguet-Spirale. Glucydur-Unruh. Tachymeterskala.
(Crott) 30.000,-/50.000,-

280 Omega
Um 1942. Edelstahl. Handaufzug. Kal. 27. 17 Steine. Breguet-Spirale. Schrauben-Unruh. Incabloc-Stoßsicherung. 30-Minuten und 12-Stunden-Zähler. Tachymeterskala.
(Breitsprecher) 1.700,-/2.300,-

281 Baume et Mercier
1940. 14 kt. Rotgold. 10 1/2''', Valjoux, Kal. 69. 17 Steine. Breguet-Spirale. Glucydur-Unruh. 30-Minuten-Zähler. Tachymeterskala.
(Antiquorum) 2.500,-/4.000,-

282 Tissot (Omega)
40er Jahre. Edelstahl. Handaufzug. Vergoldetes Werk. Kal. von Lemania. 17 Steine. Breguet-Spirale. Schrauben-Unruh. 30-Minuten-Zähler. Telemeter- und Tachymeterskala.
(Breitsprecher) 1.000,-/2.000,-

283 Gallet
40er Jahre. Edelstahl. Handaufzug. Kal. Excelsior Park. 17 Steine. Kleiner roter Zeiger dreht sich 1 x in 24 Stunden. Hält man den normalen Stundenzeiger bei horizontaler Haltung drehbar in Richtung Sonne, zeigt der Zeiger mit »N« nach Norden.
(Joseph) 1.500,-/2.000,-

284 Universal
40er Jahre. 18 kt. Gold. Handaufzug. Universal Kal. 17 Steine. Breguet-Spirale. Schrauben-Unruh. Tachymeterskala. Zifferblatt aufgefrischt.
(Privatbesitz) 2.000,-/3.000,-

285 Drei Rolex Chronographen
1930/40er. Alle Edelstahl. Handaufzug. Links 13''', Mitte 14 1/2''', rechts 10 1/2'''. 17 Steine, Breguet-Spirale. Monometall. Unruh.
(Antiquorum) A 8.000,-/12.000,-
B 8.000,-/12.000,-
C 7.000,-/ 9.000,-

281

282

283

284

285 A 285 B 285 C

286

287

288

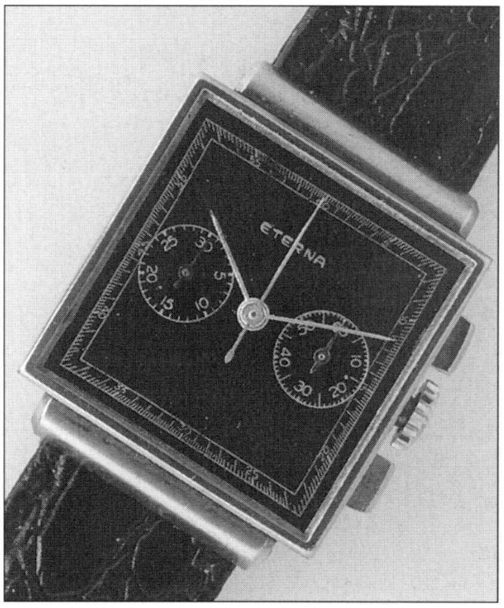

289

290 A

290 B

286 Movado
40er Jahre. 18 kt. Gold. Handaufzug. Kal. 95 M. 17 Steine. Breguet-Spirale. Glucydur-Unruh. 30-Minuten und 24-Stunden-Zähler. Weicheisenkapsel gegen Magnetismus.
(Antiquorum) 5.000,-/8.000,-

287 Gallet-Decimal
Ca. 1940. Edelstahl. Außen Dezimalskala. Vergoldetes Werk. 17 Steine. Breguet-Spirale. Monometall. Schraubenunruh.
(Joseph) 500,-/800,-

288 Angelus
1942. Edelstahl. Handaufzug. Kal. 215. Breguet-Spirale. Glucydur-Unruh. 45-Minuten-Zähler. Tachymeterskala.
(Breitsprecher) 800,-/1.100,-

289 Eterna
40er Jahre. Edelstahl. Quadratisches Gehäuse. Handaufzug. 10 1/2''', Kal. 702, Basiswerk Valjour 69. 17 Steine. Flachspirale. 30-Minuten-Zähler.
(Henrys) 2.000,-/3.000,-

290 Eterna
1943. Edelstahl. Mit Kalender. Handaufzug. 13''', Kal. 1068, Basiswerk Valjoux 72 C. 17 Steine. Breguet-Spirale. Glucydur-Unruh.
(Henrys) 1.500,-/2.000,-

291 Minerva
40er Jahre. Edelstahl. Verschraubtes Gehäuse. Handaufzug. Kal. Valjoux 72. Breguet-Spirale. Glucydur-Unruh. Shockresist-Stopsicherung. 30-Minuten und 24-Stunden-Zähler. Tachymeterskala.
(Breitsprecher) 800,-/1.100,-

292 Heuer
1944. Doublé mit Edelstahlboden. Handaufzug. Kal. Venus 170. 17 Steine. Flachspirale. Monometall. Schraubenunruh. 30-Minuten-Zähler.
(Henrys) 500,-/800,-

293 Movado
1945. Edelstahl. Handaufzug. Kal. 478. 17 Steine. Ohne Minutenzähler.
(Privatbesitz) 1.200,-/2.000,-

294 Gallet
1945. Edelstahl. Handaufzug, seltenes Formwerk. Kal. 542 von Excelsior Park. Breguet-Spirale. Glucydur-Unruh. 45-Min.-Zähler.
(Breitsprecher) 1.500,-/2.000,-

295 Doxa
40er Jahre. Edelstahl. Handaufzug. Kal. Valjoux 23. 17 Steine. Breguet-Spirale. Glucydur-Unruh. 30-Minuten-Zähler. Tele- und Tachymeterskala.
(Breitsprecher) 500,-/800,-

296 Audemars Piguet
1943. 18 kt. Gelbgold. Handaufzug. 13''', Rattrapante Kal. von Valjoux. 20 Steine. Breguet-Spirale. Glucydur-Unruh. 30-Minuten und 12-Stunden-Zähler.
(Henrys) 200.000,-/300.000,-

291

292

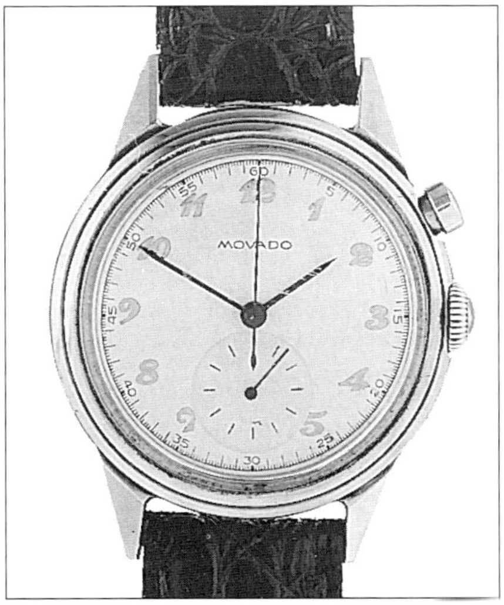

293

294

295

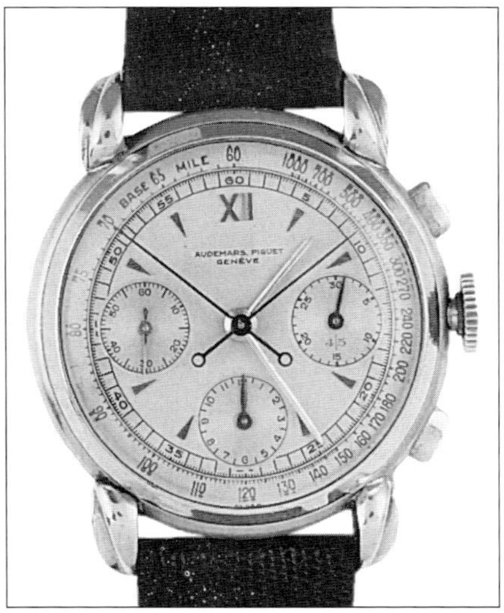

296

297

298

299

300

301

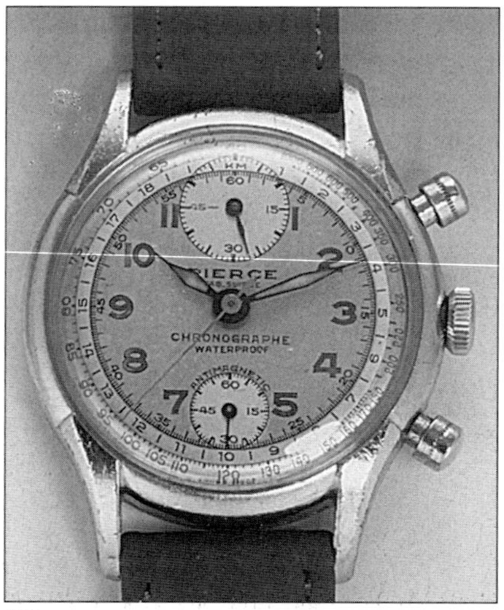

302

297 Breitling
1950. 18 kt. Roségold. Handaufzug. Kal. Venus 175. 17 Steine. Breguet-Spirale. Glucydur-Unruh. Supershockresist. 45-Minuten-Zähler. Tachymeterskala.
(Breitsprecher) 3.500,-/5.000,-

298 GUB (Glashütter Uhrenbetriebe)
50er Jahre. Plaqué. Handaufzug. Kal. 64. 17 Steine. 30-Minuten-Zähler.
(Henrys) 500,-/1.000,-

299 Hanhart
1950. Stahl. Handaufzug. Kal. 41/51. 17 Steine. Breguet-Spirale. 30-Minuten-Zähler.
(Privatbesitz) 1.700,-/2.300,-

300 Le Phare
1950. Doublé. Handaufzug. Kal. Valjoux 23. 17 Steine. Breguet-Spirale. Glucydur-Unruh. 30-Minuten-Zähler. Telemeter- und Meilenskala.
(Henrys) 800,-/1.200,-

301 Breitling »Premier«
1950. Edelstahl. Handaufzug. Kal. Venus 150. 17 Steine. Breguet-Spirale. Glucydur-Unruh. 45-Minuten-Zähler. Tachymeterskala.
(Voithenberg) 900,-/1.500,-

302 Pierce
Um 1950. Verschraubtes Edelstahl-Gehäuse. Handaufzug. Kal. Pierce 134. 17 Steine. Flachspirale. 60-Minuten-Zähler.
(Breitsprecher) 700,-/1.100,-

303 Angelus Chronodato
Um 1952. Chrom. Vollkalender. Handaufzug. Kal. 217. 17 Steine. 45-Minuten-Zähler. Breguet-Spirale.
(Joseph) 1.500,-/2.000,-

304 Universal Dato-Compax
1950. Edelstahl. Datum. Handaufzug. Kal. Universal 285. 17 Steine. Breguet-Spirale. 12-Stunden-Zähler. Tachymeterskala.
(Antiquorum) 1.500,-/2.500,-

305 Venus
1950. 18 kt. Rotgold. Vollkalender und Mondphasen. Handaufzug. Kal. Valjoux 88. 17 Steine. Breguet-Spirale. Glucydur-Unruh. Incabloc-Stoßsicherung. Anglierte und polierte Stahlteile.
(Privatbesitz) 3.500,-/5.000,-

306 Record Rattrapante
1950. 18 kt. Vollkalender, Mondphasen. Handaufzug. Rattrapante Kal. Venus 185. 20 Steine. Breguet-Spirale. Monometall. Schraubenunruh. 30-Minuten und 12-Stunden-Zähler. Drücken für den Rattrapante-Zeiger in der Krone.
(Privatbesitz) 12.000,-/20.000,-

307 Breitling »Duograph«
1950. Stahl. Handaufzug. 14''', Rattrapante Kal. Venus 179. 20 Steine. Breguet-Spirale. Monometall. Schraubenunruh. 45-Minuten-Zähler. Drücken für Rattrapante in der Krone.
(Privatbesitz) 5.000,-/8.000,-

303

304

305 A

305 B

306

307

308

309

310

311

312

313

308 Anonym
50er Jahre. 18 kt. Gelbgold. Vollkalender. Handaufzug. Kal. Landeron 80. 17 Steine. Flachspirale. Kalenderkorrektur über Drehlünette.
(Privatbesitz) 2.000,-/3.000,-

309 Orator
50er Jahre. Edelstahl. Handaufzug. Kaliber Landeron 185. 17 Steine. Flachspirale. Glucydur-Unruh. Vollkalender und Mondphasen.
(Henrys) 800,-/1.300,-

310 Mido Multicenter
Um 1955. Verschraubtes Edelstahlgehäuse. Handaufzug. Kal. 1300. Vergoldetes Werk. 17 Steine. Breguet-Spirale. Glucydur-Unruh. Tachymeterskala.
(Henrys) 1.800,-/2.500,-

311 Wittnauer
Um 1955. Edelstahl. Handaufzug. Vollkalender. Kal. Valjoux 72 C. 17 Steine. Breguet-Spirale. Glucydur-Unruh. 30-Minuten und 12-Stunden-Zähler. Stoßsicherung.
(Breitsprecher) 1.500,-/2.000,-

312 Seafarer
Um 1955. Edelstahl. Wasserdicht. Ebbe- und Flutanzeige bei der »9«. Handaufzug. Kal. Valjoux 721. 17 Steine. Breguet-Spirale. Glucydur-Unruh. Incabloc-Stoßsicherung. 30-Minuten und 12-Stunden-Zähler.
(Breitsprecher) 1.500,-/2.000,-

313 Baume et Mercier
Um 1954. Verschraubtes Edelstahlgehäuse. Handaufzug. Kal. Landeron 148. 17 Steine. Flachspirale. Glucydur-Unruh. Incabloc-Stoßsicherung. 45-Minuten-Zähler.
(Breitsprecher) 900,-/1.200,-

314 Nicolet
1960. Doublé, Edelstahlboden, verschraubt. Handaufzug, Betätigen des Chronographen durch Drehen der Krone. Kal. 251 (Landeron). 17 Steine. Incabloc-Stoßsicherung.
(Joseph) 1.200,-/2.000,-

315 Rolex
18 kt. Gelbgold. Vollkalender. Handaufzug. Kal. Valjoux 12 C. Breguet-Spirale. 30-Minuten- und 12-Stunden-Zähler.
(Henrys) 50.000,-/60.000,-

316 Junghans
1955. Edelstahl. Drehlünette. Handaufzug. Kal. J 88, 14'''. 18 Steine. Breguet-Spirale. Glucydur-Unruh. 30-Minuten-Zähler.
(Privatbesitz) 1.200,-/2.000,-

317 Movado
1955. Edelstahl. Handaufzug. Kal. M 90, 12'''. 17 Steine. Breguet-Spirale. Monometallische Schrauben-Unruh. Besonderheit: ohne kleine Sekunde.
(Privatbesitz) 2.000,-/3.000,-

318 Girard Perregaux
1960. Edelstahl. Handaufzug. 17 Steine. 30-Minuten- und 12-Stunden-Zähler.
(Crott) 900,-/1.500,-

319 Rolex Oyster Cosmograph
1960. Edelstahl. Wasserdicht. Verschraubte Drücker und Krone. Handaufzug. 12 1/2'', Kal. Valjoux 72. 19 Steine. Autokomp. Spirale. Monometall. Unruh. 30-Minuten- und 12-Stunden-Zähler.
(Crott) 8.000,-/12.000,-

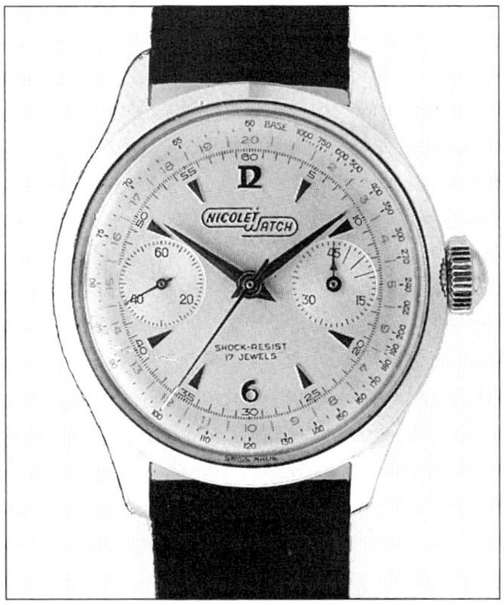

314

315

316

317

318

319

320

321

322

323

324

325

320 Patek Philippe
60er Jahre. 18 kt. Gelbgold. Chronograph mit ewigem Kalender, Ref. 2499. Handaufzug, Werk Nr. 869336. 13''', rodiniert, Genfer Streifen. 23 Steine. 8 Adjustments. Breguet-Spirale. Glucydur-Unruh. Mondphasenanzeige.
(Privatbesitz) 120.000,-/200.000,-

321 Omega
Um 1960. 14 kt. Gelbgold. Handaufzug. Lemania Kal. 321. Autokomp.-Spirale und -Unruh. Incabloc-Stoßsicherung. 30-Minuten- und 12-Stunden-Zähler.
(Breitsprecher) 3.500,-/4.500,-

322 Rolex
1960. 18 kt. Gold. Handaufzug. Kal. Valjoux 72. 19 Steine. Monometallische Schraubenunruh. 30-Minuten- und 12-Stunden-Zähler. Tachymeterskala.
(Crott) 30.000,-/40.000,-

323 Jaeger Le Coultre
1960. Edelstahl. Drehlünette mit Städtenamen. Handaufzug. Kal. Valjoux 12.
17 Steine. Breguet-Spirale. Glucydur-Unruh. 30-Minuten- und 12-Stunden-Zähler.
(Privatbesitz) 1.100,-/1.800,-

324 Breitling »Navitimer Cosmonaute«
1965. Edelstahl, Ref. 809. Drehlünette, Rechenschieber. Handaufzug. Rotvergoldetes Ankerwerk, Kal. V 178 (Venus).
17 Steine. Flachspirale. Glucydur-Unruh. 30-Minuten- und 12-Stunden-Zähler.
(Joseph) 1.800,-/2.500,-

325 Mathey Tissot
Ca. 1965. Drehlünette, verschraubtes Edelstahl-Gehäuse. Kal. Valjoux 225. Handaufzug. 17 Steine. Autokomp.-Spirale und -Unruh. Stoßsicherung. Leuchtzeiger und -ziffern. 30-Minuten- und 12-Stunden-Zähler.
(Joseph) 800,-/1.300,-

326 Breitling
1965. Edelstahl. Drehlünette, Ref. 765. Handaufzug. Kal. V 178 (Venus). 17 Steine. Flachspirale. Glucydur-Unruh. Stoßsicherung. Leuchtzeiger und -ziffern. Digitaler 15-Minuten-Zähler im Fenster bei der »3« 12-Stunden-Zähler.
(Joseph) 1.500,-/2.000,-

327 Progress
1970. Doublé. Handaufzug. Kal. Landeron 248. 17 Steine. Breguet-Spirale. Glucydur-Unruh. Incabloc-Stoßsicherung. 30-Minuten-Zähler. Tele- und Tachymeterskala.
(Breitsprecher) 400,-/550,-

328 Breitling
1970. Edelstahl. Wasserdicht. Handaufzug. 14''', Basiswerk. Kal. Valjoux 7731.
17 Steine. Flachspirale. Stoßsicherung. Das Fenster über der »6« zeigt an, ob der Chronograph eingeschaltet ist.
(Privatbesitz) 400,-/1.000,-

329 Universal Space Compax
Edelstahl. Verschraubte Krone und Drücker. Handaufzug. Kal. Valjoux 72. Drehlünette. 30-Minuten- und 12-Stunden-Zähler.
(Crott) 1.000,-/1.500,-

330 Zenith, El Primero
Um 1972. Edelstahl. Kalender. Rotor-Aufzug. 13''', Kal. 3019 PHC. 31 Steine. Flachspirale. Glucydur-Unruh. Stoßsicherung. Schnellschwinger. 30-Minuten- und 12-Stunden-Zähler. Tachymeterskala.
(Breitsprecher) 700,-/1.600,-

331 Heuer
Um 1975. Verschraubtes, wasserdichtes Edelstahlgehäuse, verstellbare Lünette. Rotor-Aufzug. Kal. Heuer 12. 17 Steine. Flachspirale, Glucydur-Unruh. Stoßsicherung. Datum, 30-Minuten- und 12-Stunden-Zähler. Puls- und Tachymeterskala.
(Henrys) 600,-/900,-

326

327

328

329

330

331

332

333

334

335

336

337

332 Wittnauer
Ca. 1960. Edelstahl. Wasserdicht. Venus Kal. 188. 17 Steine. Breguet-Spirale. Glucydur-Unruh. Stoßsicherung. 30-Minuten-Zähler. Tele- und Tachymeterskala.
(Breitsprecher) 600,-/800,-

333 Omega Speedmaster
Chronometer zum 125jährigen Bestehen von Omega. Um 1975. Edelstahl. Rotor-Aufzug. Kal. 1041, 13 3/4'''. 17 Steine. Autokomp. Flachspirale. Monometall. Ringunruh. Stoßsicherung. 30-Minuten- und 12-Stunden-Zähler. Tachymeterskala.
(Privatbesitz) 1.000,-/2.000,-

334 Omega Seamaster
1976. Edelstahl. Wasserdicht. Handaufzug. Kal. Lemania. 17 Steine. Flachspirale. Glucydur-Unruh. Incabloc-Stoßsicherung. 30-Minuten- und 12-Stunden-Zähler. Tachymeterskala.
(Breitsprecher) 1.000,-/1.500,-

335 Movado Datochron
1975. Metall, hartvergoldet. Verschraubter Edelstahlboden. Rotor-Aufzug. Kal. Zenith 3019 PHC, Schnellschwinger. 17 Steine. Flachspirale. Glucydur-Unruh. Stoßsicherung. Datum. 30-Minuten- und 12-Stunden-Zähler. Tachymeterskala.
(Breitsprecher) 900,-/1.400,-

336 Heuer Autavia
1975. Edelstahl. Drehbare Lünette durch Krone bei der »9«. Rotor-Aufzug. Kal. Heuer 12. 17 Steine. Flachspirale. Glucydur-Unruh. Stoßsicherung. Datumsanzeige. 30-Minuten- und 12-Stunden-Zähler. Tachymeterskala.
(Breitsprecher) 500,-/800,-

337 Lemania Regatta
1975. Edelstahl. Rotor-Aufzug. 17 Steine. Flachspirale. Glucydur-Unruh. Stoßsicherung. Zählwerk zum genauen Start von Regatten.
(Joseph) 600,-/1.000,-

338 Breitling Navitimer
1975. Edelstahl. Mit Datum. Handaufzug. 14''', Kal. Valjoux 7740. 17 Steine. Flachspirale. Monometall. Ringunruh. Incabloc-Stoßsicherung. 30-Minuten- und 12-Stunden-Zähler. Rechenschieberskala.
(Privatbesitz) 900,-/1.600,-

339 Ekegren
1980. 18 kt. Gold. Rotor-Aufzug. Vollkalender. 13''', Zenith Kal. »El Primero«, 3019 PHC. 31 Steine. Flachspirale. Glucydur-Unruh. Incabloc-Stoßsicherung. Schnellschwinger. 30-Minuten- und 12-Stunden-Zähler. Pulsmesser-Skala.
(Crott) 7.000,-/10.000,-

340 Mikado
Ca. 1980. Edelstahl, eloxiert. Wasserdicht, Schraubboden, Datum. Rotor-Aufzug. 11,5''', Kal. TDBK 1369 von Kelek. 17 Steine. Flachspirale. Glucydur-Unruh. Incabloc-Stoßsicherung. Modul-Chronograph. 30-Minuten-Zahlen und 6-Stunden-Zähler. Tachymeterskala.
(Breitsprecher) 400,-/500,-

341 Omega Speedmaster
1975. Edelstahl. Day Date. Wasserdicht verschraubt. Rotor-Aufzug. Kal. Lemania 5100. 17 Steine. Flachspirale. Glucydur-Unruh. Incabloc-Stoßsicherung. 60-Minuten-Zahlen, 30-Minuten- und 12-Stunden-Zähler. Pulszähler.
(Breitsprecher) 800,-/1.200,-

342 Dubey und Schaldenbrand
1985. Doublé. Schleppzeigermechanik »Index MOBIL«, 1948 patentiert. Kal. Lan deron 51. 17 Steine. Flachspirale. Glucydur-Unruh. 30-Minuten-Zähler.
(Henrys) 800,-/1.300,-

338

339

340

341

342

343

Kalenderuhren

Es gibt wohl keinen anderen Armbanduhrentyp, bei dem das Spektrum an unterschiedlichen Konstruktionen, Komplikationen und Qualitäten so breit ist wie bei den Kalenderuhren. Das Angebot reicht von Modellen mit manuell schaltbarer Datumsanzeige bis hin zu Armbanduhren mit »ewigem« Kalender. Natürlich steigt der Preis in der Regel mit dem Grad der Komplikation. Daneben spielt aber auch der Name des Herstellers eine entscheidende Rolle bei der Preisgestaltung. So kann es durchaus sein, daß man für eine Armbanduhr mit einfachem Kalendarium einer der großen Luxusmarken erheblich mehr bezahlen muß als für den »ewigen« Kalender eines weniger bekannten und begehrten Herstellers.

Folgende Kalenderindikationen gibt es bei Armbanduhren:

Datum (Zeiger oder Fenster)

Wochentag und Datum (Zeiger und/oder Fenster)

Wochentag, Datum, Monat (Zeiger und/oder Fenster, letzterer manuell einstellbar oder automatisch schaltend)

Ewiger Kalender (Wochentag, Datum, Monat) mit und ohne Schaltjahresanzeige (Zeiger und/oder Fenster).

Alle Indikationen sind zudem in Verbindung mit einer Mondphasenanzeige erhältlich.

343 Orator
Ca. 1956. 18 kt. Gelbgold. Korrekturdrücker im Gehäuse. Handaufzug. Valjoux Kal. 90. 17 Steine. Flachspirale. Glucydur-Unruh. Incabloc-Stoßsicherung. Zentralsekunde, Vollkalender, Mondphasen.
(Henrys) 1.200,-/2.200,-

344 Anonym
1915. Bruniertes Stahlgehäuse. Emailzifferblatt, Leuchtzeiger und -ziffern. Handaufzug. 15 Steine. Flachspirale. Monometallische Schraubenunruh.
(Privatbesitz) 500,-/800,-

345 Henry Moser
Um 1916. Silber. Zeigerstellung mit Drücker bei der »4«. Handaufzug. 16 Steine. Breguet-Spirale. Kompensationsunruh. Kalender, Datum und Tag.
(Privatbesitz) 5.000,-/7.000,-

346 Gübelin
1924. 18 kt. Gelbgold. Handaufzug. Schweizer Brückenkaliber. Kal. 27 819. 18 Steine. Breguet-Spirale. 7 Adjustments. Bimetall. Schraubenunruh. Einfacher Vollkalender und Mondphasen.
(Privatbesitz) 25.000,-/35.000,-

347 Medana
Um 1928. Chrom. Scharniergehäuse, Sekunden auf sich drehender Scheibe. Handaufzug. Vergoldetes Zylinderwerk. Leuchtzeiger und -ziffern. Frühe Datumsanzeige im Fenster.
(Henrys) 500,-/800,-

348 Patek Philippe
1937. 18 kt. Gelbgold. Model 96. 11'''Ebauche von V. Piguet, Nr. 860183. 17 Steine. Breguet-Spirale. Bimetall. Kompensationsunruh. Ewiger Kalender, retrograde Datumsanzeige.
(Patek Philippe, Genf) 200.000,-/300.000,-

344

345

346 A

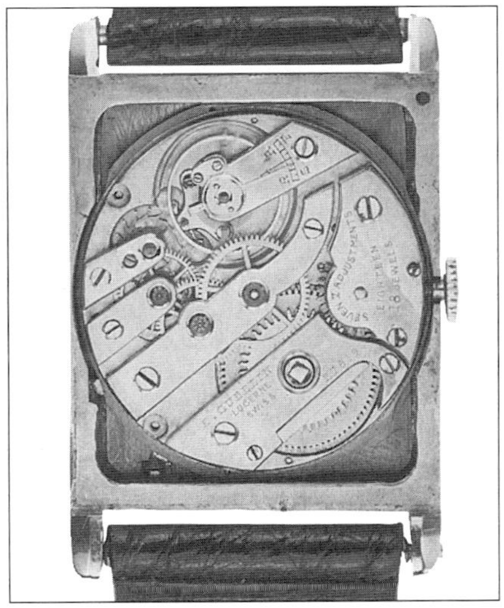
346 B

347

348

349

350

351 A

351 B

352

353

349 Vibra
Ca. 30er Jahre. Chrom-Nickel-Gehäuse. Handaufzug. Roßkopfwerk mit Stiftanker. 7 Steine. Flachspirale. Besonderheit: in den Trommeln der Bandanstöße befinden sich die manuell einstellbaren Kalender.
(Antiquorum) 1.200,-

350 Rolex Oyster Perpetual
Um 1945. Edelstahl. Ref. 8171/988. Rotor-Aufzug. 17 Steine. Breguet-Spirale. Superbalance-Unruh. Vollkalender und Mondphasen.
(Henrys) 10.000,-/15.000,-

351 A+B Movado Calendograph
Um 1939. Edelstahl. Einfacher Vollkalender. Handaufzug. Kal. 475. 15 Steine. Breguet-Spirale. Bimetall. Unruh. Indirekte Zentralsekunde.
(Privatbesitz) 1.000,-/1.900,-

352 Record Watch
1940. 18 kt. Vollkalender. Handaufzug. 10 1/2''', Kal. 107. 17 Steine. Flachspirale. Monometallische Schraubenunruh. Mondphasenanzeige.
(Privatbesitz) 2.000,-/3.000,-

353 Patek Philippe
Ca. 1937. Platin. Ref. 96. Handaufzug, Nr. 198297. 11''', Ebauche Vic. Piguet, 2. Qualität. 18 Steine. Flachspirale. Bimetall. Unruh.
(Ineichen) 200.000,-/300.000,-

354 Anonym
Um 1945. Edelstahl. Handaufzug. 17 Steine. Autokomp. Flachspirale. Monometallische Schraubenunruh. Incabloc-Stoßsicherung.
(Privatbesitz) 500,-/800,-

355 LeCoultre
Um 1947. 10 kt. Goldfilled-Gehäuse. Handaufzug. Form Ankerwerk, 486 AW.
17 Steine. Flachspirale. Monometall. Schraubenunruh. Vollkalender, Mondphasen.
(Joseph/Eder) 4.800,-/8.500,-

356 Universal
Um 1946. 18 kt. Gelbgold. Handaufzug. Kal. 291. 15 Steine. Breguet-Spirale. Bimetall. Unruh. Vollkalender, Mondphasen.
(Breitsprecher) 2.500,-/4.000,-

357 Omega
Um 1946. Stahl mit Goldlünette. Handaufzug. Kal. 27. 17 Steine. Flachspirale. Bimetall. Unruh. Incabloc-Stoßsicherung. Vollkalender und Mondphasen.
(Breitsprecher) 1.200,-/2.500,-

358 Gübelin
Um 1948. Edelstahl. Handaufzug. Kal. Valjoux. 15 Steine. Autokomp. Flachspirale. Monometallische Schraubenunruh. Vollkalender.
(Joseph) 500,-/800,-

359 Angelus
Um 1948. 10 kt. Goldfilled-Gehäuse. Tag-(Fenster), Datumzeiger, Mondphasen. Handaufzug. Kal. 253. 16 Steine. Flachspirale. Bimetall. Unruh.
(Breitsprecher) 900,-/1.600,-

354

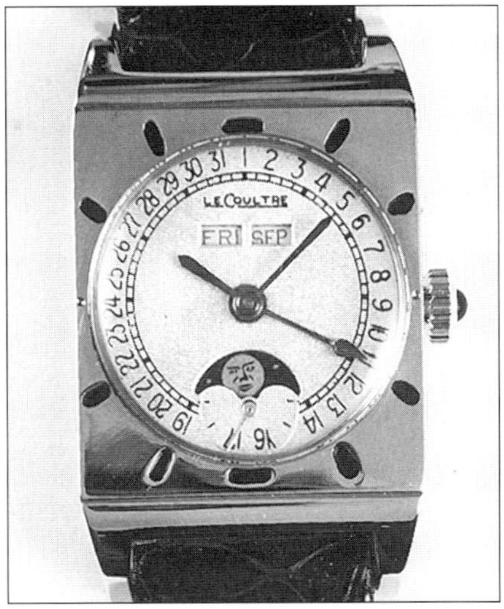

355

356

357

358

359

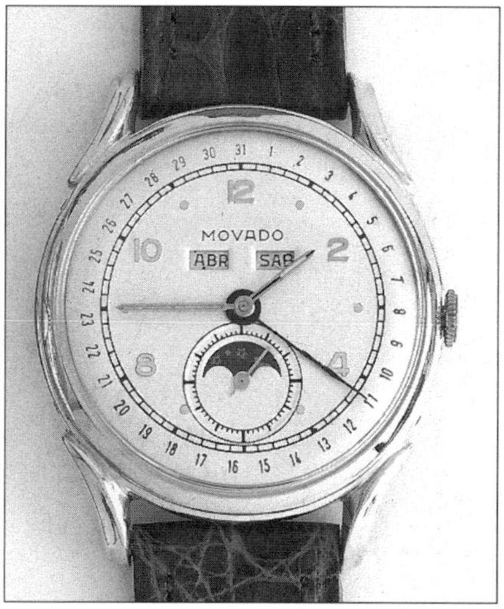

360

361

362

363

364

365

360 Movado
Um 1949. 18 kt. Gold. Korrekturdrücker seitlich im Gehäuse. Handaufzug. Kal. 473. 15 Steine. Flachspirale. Glucydur-Schraubenunruh. Vollkalender.
(Henrys) 3.500,-/5.500,-

361 Mido Multifort Datometer
Um 1955. Verschraubtes Edelstahlgehäuse. Hammerautomatik. 17 Steine. Flachspirale. Glucydur-Schraubenunruh. Incabloc-Stoßsicherung. Feinregulierung. Datum durch zentralen Zeiger.
(Henrys) 300,-/800,-

362 Cornavin
1952. Doublé. Verschraubter Edelstahlboden. Tagesanzeige durch wandernde Sonne in Feld bei »12«. 10'''. 17 Steine. Datum durch Zeiger.
(Joseph) 800,-/1.800,-

363 Crawford, Großbritannien
Ca. 1950. 9 kt. Gelbgold. Krone bei der »10« zur Verstellung des Monatsfensters bez. äußeren Datumskranz. Handaufzug. Schweizer Kaliber. 17 Steine.
(Joseph) 1.000,-/1.400,-

364 Movado für Tiffany, N. Y.
Um 1950. Stahl. Korrekturdrücker bei der »4«. Hammerautomatik. 11 1/2''', Kal. 268. 17 Steine. Flachspirale. Bimetall. Unruh. Incabloc-Stoßsicherung. Tag-, Datumsanzeige.
(Privatbesitz) 1.000,-/1.800,-

365 Cornavin, Datocor
1955. Doublé. Datum durch 2 Scheiben im Fenster. Handaufzug. Kal. 221 von Venus 11 1/2'''. 17 Steine. Flachspirale. Monometall. Schraubenunruh.
(Privatbesitz) 500,-/700,-

366 Movado
Edelstahl. Hammerautomatik. 12 3/4''', Kal. 223 A. 17 Steine. Breguet-Spirale. Monometall. Schraubenunruh. Incabloc-Stoßsicherung. Vollständiger einfacher Kalender.
(Privatbesitz) 1.000,-/1.900,-

367 Dom Watch
Doublé. Rotor-Aufzug. Vier Korrekturdrücker. 17 Steine. Flachspirale. Glucydur-Unruh. Vollkalender und Mondphasen.
(Privatbesitz) 900,-/1.600,-

368 Henri Duvoisin
50er Jahre. Doublé-Gehäuse. Handaufzug. 17 Steine. Flachspirale. Glucydur-Unruh. Stoßsicherung.
(Privatbesitz) 800,-/1.200,-

369 Audemars Piguet
Um 1960. 18 kt. Gelbgold. Handaufzug. 13''', Kal. V 7 SS. 18 Steine. Breguet-Spirale. Monometall. Schraubenunruh. Ewiger Kalender mit Mondphasen. Schaltjahresanzeige.
(Privatbesitz) 150.000,-/200.000,-

370 Gübelin
18 kt. Gelbgold. 4 Drücker für Korrektur, Tag, Datum, Monat, Mondphasen. Rotor-Aufzug. »Ipso-Matic«. 17 Steine. Flachspirale. Glucydur-Unruh.
(Privatbesitz) 4.000,-/7.500,-

366 A

366 B

367

368

369

370

371

Weltzeituhren

Die Fahrplanschwierigkeiten der amerikanischen Eisenbahngesellschaften veranlaßten gegen 1880 den Eisenbahningenieur Sandford Fleming, eine Aufteilung der Erde in 24 Zeitzonen vorzuschlagen. Nach jeweils 15 Längengraden sollte sich die Zeit um eine Stunde verschieben. Ab 1883 wurden Flemings Ideen und damit unser heutiges Weltzeitsystem Realität.

Die Uhrenindustrie begegnete diesem Zeitproblem durch die Herstellung von Uhren, welche zwei oder mehr Zonenzeiten simultan anzeigen und/oder ein Weltzeitschema auf dem Zifferblatt tragen. Solche Armbanduhren sind nachfolgend unter dem Sammelbegriff »Weltzeituhren« zusammengefaßt.

371 Edox »Geoscope«
Ca. 1970. Stahl, wasserdicht. Innere Weltkarte dreht sich in 24 Stunden ein Mal um ihre Achse. Die Aufzugs-, Zeigerstell- und Weltzeiteinstellkronen sind auf der linken Seite. Sehr seltene Uhr.
(A. Bauer) 800,-/1.300,-

372 Louis Cottier Carouge
1950. Vorserienmodell zur Weltzeituhr von Patek Philippe, Genf. 18 kt. Gold. Krone bei der »3«. Zur Zeigerstellung und zum Verstellen des 24-Stunden-Ringes, Krone bei der »9« zum Verdrehen der Ortsnamen. 12'''. 17 Steine. Breguet-Spirale. Bimetall. Unruh.
(Privatbesitz) 80.000,-/120.000,-

373 Patek Philippe
1961. Weltzeituhr nach einem Patent von Louis Cottier. 18 kt. Weißgold. Rotor-Aufzug. Kal. 27-460. 37 Steine. Breguet-Spirale. Gyromax-Unruh. Stoßsicherung. Die Zeit für die zweite Zeitzone läßt sich unter gleichzeitiger Betätigung der Krone und des Drückers oberhalb der Krone einstellen. Sehr seltene Uhr
(Patek Philippe, Genf) 200.000,-/300.000,-

374 Patek Philippe Weltzeit
Um 1937. 18 kt. Gold, Mod. 542. Handaufzug. 10''' Werk Nr. 82 1239. 18 Steine. Flachspirale. Bimetall. Unruh.
(Sothebys) 100.000,-/150.000,-

375 Wyler Incaflex Worldtime
Ca. 1958. Edelstahl. Drehbare Lünette. Automatik AS 1361 N. 17 Steine. Flachspirale. Glucydur-Unruh.
(Joseph) 600,-/1.000,-

376 Movado Weltzeit
Stahl.
(Joseph) 1.800,-/2.400,-

377 Tissot Navigator
1957. 18 kt. Gold. Die innere Scheibe mit den Städtenamen dreht sich in 24 Stunden ein Mal. Hammer-Rotor-Aufzug. 12 1/2''', Kal. 28.5 N 21. 17 Steine. Flachspirale. Glucydur-Unruh. Incabloc-Stoßsicherung.
(Privatbesitz) 4.000,-/6.000,-

372

373

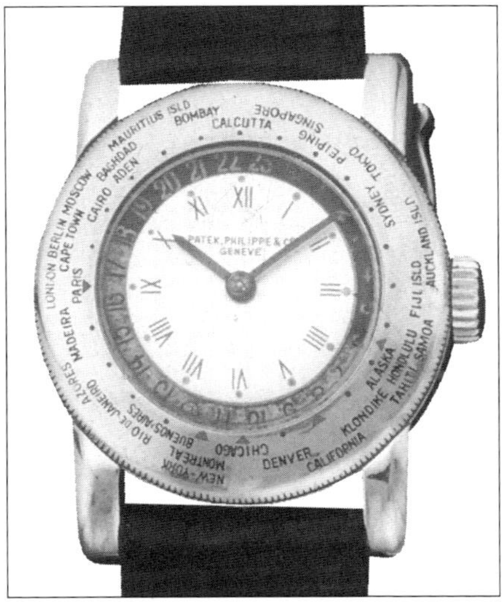

374

375

376

377

378 A

378 B

379

380

381

382

378 Arctos,
Horometer nach System EXSTO
50er Jahre. Doublé. Automatik. Kal. 11 1/2, Felsa 790. 22 Steine. Flachspirale. Glucydur-Unruh. Stoßsicherung.
(A. Bauer) 900,-/1.300,-

379 Breitling »Unitime«
Ca. 1958. Plaqué-Gehäuse. Ref. 1-260. Werk rot vergoldet. Automatik. Kal. 260 von Felsa. 21 Steine. Flachspirale. Glucydur-Unruh. Incabloc-Stoßsicherung. Drehbare Lünette. Kalender bei der »3«.
(Joseph/JX) 3.600,-/5.800,-

380 Ardath »Long Distance«
60er Jahre. Doublé-Gehäuse. Mit Kalender bei der »9«. Handaufzug/Automatik. 2 Werke 2551 von ETA und 430 von FEF. Beide 17 Steine. Flachspirale. Glucydur-Unruh. Incabloc-Stoßsicherung.
(Privatbesitz) 800,-/1.200,-

381 Enicar Sherpa-Jet
Um 1965. Stahl. Rotor-Aufzug. Datumsanzeige, 24-Stunden-Zeiger, 24-Stunden-Drehring.
(A. Bauer) 400,-/600,-

382 Paul Garnier
Um 1975. Stahl, vergoldet. Handaufzug. Durowe Kal. 391. 17 Steine. Flachspirale. Glucydur-Unruh. Duroshock-Stoßsicherung.
(Breitsprecher) 300,-/600,-

383

Armbandwecker

Der Wecker gilt als die früheste Zusatzfunktion mechanischer Räderuhren. Ans Handgelenk fand er bereits im Jahre 1908, doch ist eine größere Verbreitung erst ab 1947 zu konstatieren. In der Mitte der fünfziger Jahre kam der Wecker erstmals auch in Verbindung mit einem automatischen Aufzug auf den Markt.
Neben den klassischen Weckern gibt es auch Armbanduhren mit einem sogenannten Kurzzeitwecker. Dieser sollte z. B. an das Ablaufen der Parkzeit oder eine andere Frist erinnern.

384 A

384 B

385

386

387

388

383 LeCoultre Memodate
Ca. 1960. Edelstahl. Automatik. 3 Kronen. Bei der »2« Wecker. Bei der »3« Innenlünette. Bei der »4« Aufzug und Zeigerstellung. 17 Steine. Flachspirale. Glucydur-Unruh. Stoßsicherung.
(Joseph) 1.000,-/1.700,-

384 Junghans Minivox
1949. Handaufzug. Kal. 89. 12 1/2'''. Indirekte Zentralsekunde. 20 Steine. Flachspirale. Glucydur-Unruh. Stoßsicherung. Krone bei »2« Weckerzeit; Knopf bei »4« Abstellung des Weckers.
(Privatbesitz) 400,-/600,-

385 LeCoultre Memovox
Um 1954. 10 kt. Gelbgoldfilled-Gehäuse. Handaufzug. 2 Kronen für Geh- und Weckerwerk. Kal. 489. 17 Steine. Flachspirale. Glucydur-Unruh.
(Breitsprecher) 800,-/1.400,-

386 LeCoultre Memovox
1955. Wecker mit Weltzeitscheibe. 10 kt. Gelbgoldfilled-Gehäuse. Handaufzug. Kal. 814. 17 Steine. Flachspirale. Glucydur-Unruh. Stoßsicherung.
(Breitsprecher) 1.600,-/2.500,-

387 Vulcain Cricket
Um 1960. Edelstahl. Wasserdicht. Handaufzug. Kal. 120. 17 Steine. Flachspirale. Monometall. Schraubenunruh. 2 Federhäuser über eine Krone: Gehwerk, Wecker. Weckzeit durch Drücker bei der »2«.
(Privatbesitz) 600,-/1.000,-

388 Poljot, UdSSR
1960er Jahre. Stahl. Handaufzug. 11 1/2''', Kal. 2612 (Nachbau AS 1475). 18 Steine. Flachspirale. Nickelunruh. Stoßsicherung.
(Privatbesitz) 250,-/400,-

389 Tudor Advisor
60er Jahre. Edelstahl. Zentralsekunde. Handaufzug. Kal. 11 1/2''' von AS. 17 Steine. Flachspirale. Glucydur-Unruh. Stoßsicherung.
(Privatbesitz) 700,-/1.000,-

390 Framont
60er Jahre. Stahl. Kurzzeitwecker bis 2 Stunden für Parkzeit. Handaufzug. 12 1/2''', Venus 232. 17 Steine. Flachspirale. Monometall. Schraubenunruh. Incabloc-Stoßsicherung.
(Privatbesitz) 600,-/1.100,-

391 Jaeger LeCoultre Memovox
60/70er Jahre. Stahl. Datumsanzeige. Rotor-Automatik. 14''', Kal. 825. 17 Steine. Flachspirale. Glucydur-Unruh. Stoßsicherung.
(Privatbesitz) 900,-/1.500,-

392 Dunhill, Großbritannien, gefertigt von LeCoultre
18 kt. Gold. Datumsanzeige. Mit Zentralsekunde. Rotor-Automatic. Kal. 825. 17 Steine. Flachspirale. Glucydur-Unruh. Kif-Stoßsicherung.
(Privatbesitz) 2.500,-/3.500,-

393 LeCoultre Memovex
Ende 1970er Jahre. Edelstahl. Rotor-Aufzug. Datumsanzeige. Kal. LC 916. Flachspirale. Glucydur-Unruh. Kif-Stoßsicherung. 2 Federhäuser für Geh- und Weckwerk.
(Breitsprecher) 600,-/900,-

394 Omega Seamaster Memomatic
1970. Edelstahl. Rotor-Automatik. 13 1/2''', Kal. SL 980. 19 Steine. Flachspirale. Glucydur-Unruh. Stoßsicherung. Ein Federhaus für Wecker und Gehwerk. Minutengenaue Einstellung der Weckzeit möglich.
(Privatbesitz) 800,-/1.200,-

389

390

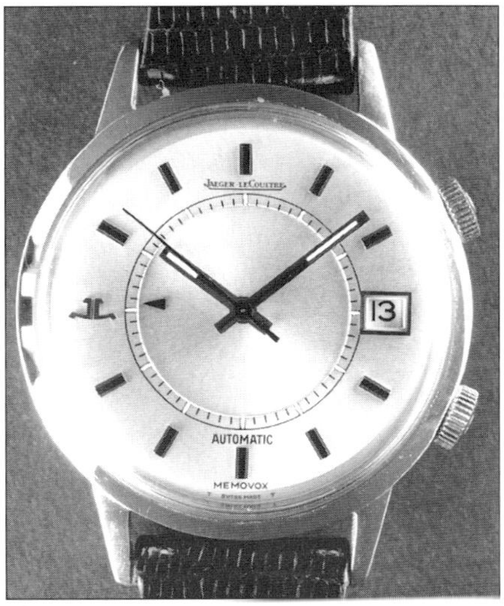

391

392

393

394

395

Repetitionsuhren

Eine Armbanduhr mit Minutenrepetition stellt sicherlich die Krönung einer jeden Sammlung dar. Rund 300 Teile, alle sorgfältig bearbeitet und aufeinander abgestimmt, sind erforderlich, damit die Stunden, Viertelstunden und Minuten nach der Betätigung eines kleinen Schiebers akustisch wiedergegeben werden können. Doch gibt es auch Armbanduhren mit weniger anspruchsvollen Schlagwerken, z. B. für Stunden und Viertelstunden oder für Stunden und fünf Minuten.

Seit der Einführung des elektrischen Lichtes gelten Repetitionsuhren als – wenn auch liebenswürdiger – Anachronismus. Deshalb ist speziell die Zahl der Armbanduhren mit dieser Komplikation stets gering geblieben. Doch hat die Marktentwicklung nach 1983 dafür gesorgt, daß vor allem Damen-Taschenuhren mit Minuten- oder Viertelstundenrepetition zu Armbanduhren umgebaut wurden. Solches schmälert die uhrmacherische Leistung keinesfalls, mindert jedoch den Preis.

Vor einer Kaufentscheidung sollte die Authentizität einer solchen Uhr deshalb genau hinterfragt werden.

395 Golay fils & Stahl
Um 1920. 18 kt. Gelbgold. Gehäuse vermutlich später. Handaufzug. Kal. von LeCoultre. 29 Steine. Breguet-Spirale. Kompensations-Unruh. Schieber für die Minutenrepetition bei der »8«. Zeigerstellung durch Drücker bei der »4«.
(Privatbesitz) 30.000,-/40.000,-

396 A + B Hunt and Roskell
Um 1900. Gehäuse ca. 1980. 18 kt. Gelbgold. Handaufzug. Breguet-Spirale. Kal. Nr. 12540. Bimetall. Unruh. 3 verschraubte Chatons. Viertelrepetition.
(Privatbesitz) 8.000,-/12.000,-

397 Audemars Piguet
1909, verkauft 1929. Platin. Handaufzug. 11 1/2''', Kal. SMV. 29 Steine. Flachspirale. Bimetall. Unruh. Schieber bei der »9«.
(Ineichen/Zürich) 180.000,-/250.000,-

398 Gübelin
1920/30. Platin. Silberzifferblatt mit Gelbgoldindexen. Handaufzug. 9 1/4''', Nr. 5802 Kal. von LeCoultre. 3 mm Höhe. 29 Steine. Breguet-Spirale. Kompensationsunruh mit Goldschrauben. Minutenrepetition.
(Gübelin, Luzern) 80.000,-/120.000,-

399 A, B, C Driva - Repeater
Ca. 1930. 18 kt. Gold. Handaufzug. Formwerk. 15 Steine. Flachspirale. Bimetall. Unruh. Schieber zwischen »1« und »2«. Viertelrepetition.
(Privatbesitz) 10.000,-/15.000,-

396 A

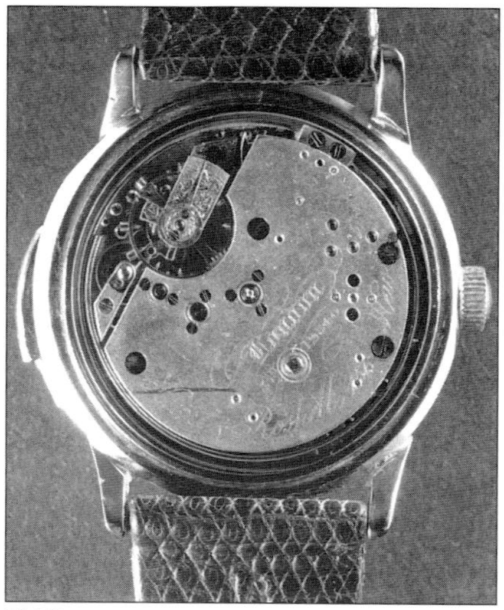
396 B

397

398

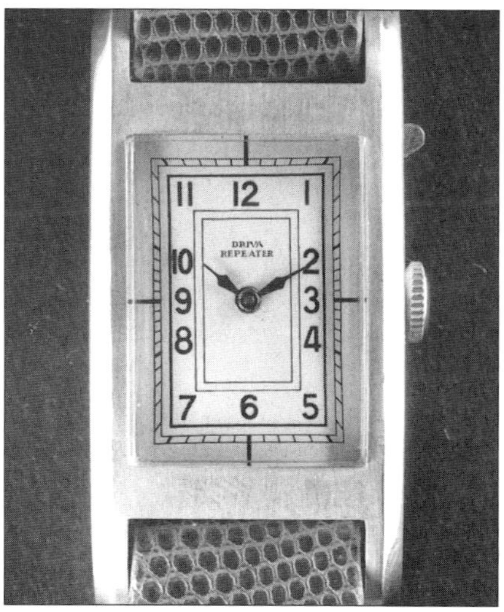

399 A

399 B

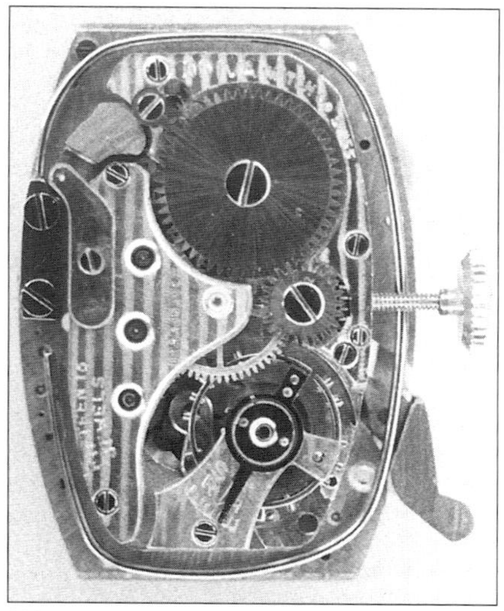
399 C

400 A

400 B

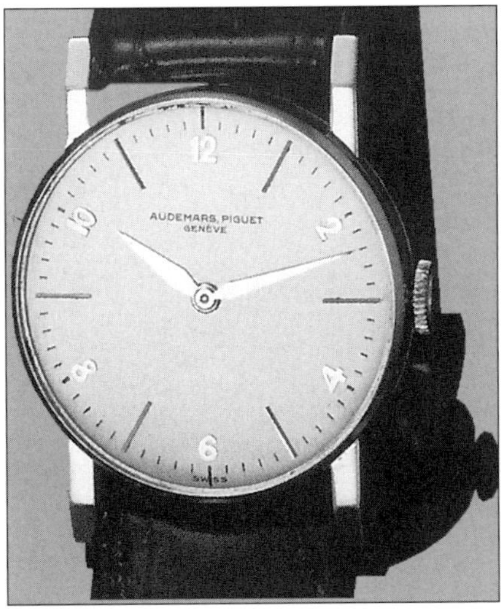

401

402

403

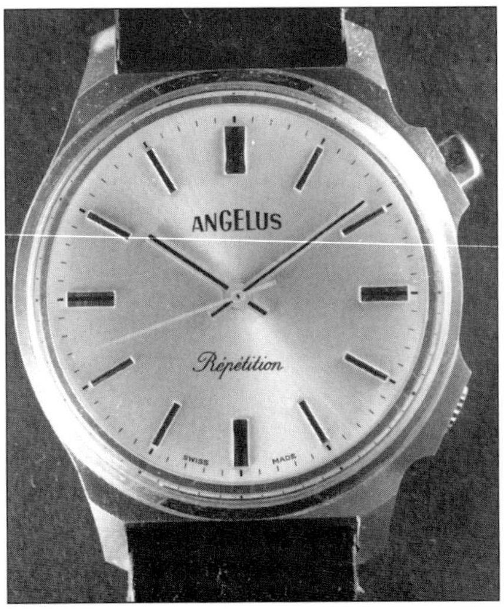

404

400 B. C. Wenger
Um 1925. Weißgold. Handaufzug. 10 1/2''', Kal. Nr. 5661. 29 Steine. Breguet-Spirale. Bimetall. Unruh. Schieber bei der »9«.
(Sabrier) 90.000,-/140.000,-

401 Audemars Piguet
Ca. 1945. Platin. Handaufzug. 11''', Kal. Nr. 30518. 29 Steine. Breguet-Spirale. Kompensationsunruh. Schieber bei der »9«.
(Antiquorum) 300.000,-/350.000,-

402 Patek Philippe für Gübelin
Ca. 1950/60. 18 kt. Gelbgold. Handaufzug. 12'''. 29 Steine. Breguet-Spirale. Bimetall. Unruh. Schieber bei der »9«.
(Christies) 300.000,-/400.000,-

403 Angelus Tinkler
1957/58. Stahl. Rotor-Automatic. 11 1/2''', Kal. AS, 1580. 17 Steine. Flachspirale. Monometallische Schraubenunruh. Incabloc-Stoßsicherung. Besonderheit: nur 100 Uhren gebaut, Vorserie. Drücker bei der »9«. 1/4 Repetition.
(Sothebys) 6.000,-/10.000,-

404 Angelus
Ca. 1960. Doublé. Handaufzug. Kal. ETA 2801. 17 Steine. Flachspirale. Glucydur-Unruh. Stoßsicherung. Drücker bei der 2, um die 5 Minuten-Repetition auszulösen.
(Privatbesitz) 2.000,-/3.000,-

405

Varia

Seit es Armbanduhren gibt, hat sich die einschlägige Industrie bemüht, diese Zeitmesser durch unkonventionelle Gestaltungsformen und/oder Zusatzfunktionen attraktiv zu machen. Das Spektrum ist deshalb immens breit. Es reicht vom kuriosen Mickey-Mouse-Modell mit einfachem Stiftankerwerk bis hin zum technisch aufwendigen Tourbillon.

Unter dem Schlagwort »Varia« sind daher Armbanduhren zusammengefaßt, die sich nur schwer in die vorangegangenen Kapitel einreihen ließen.

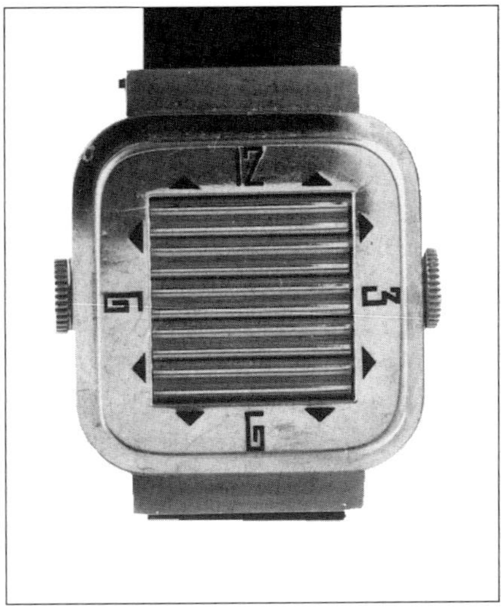

406

407

408

409

410

405 Hebdomas
Ca 1918. Metall-Scharniergehäuse. Lünette vergoldet. Emailzifferblatt mit sichtbarer Unruh. Handaufzug. Breguet-Spirale. Schraubenunruh. Rote »12«. 8-Tage-Uhr.
(Privatbesitz) 700,-/1.000,-

406 Vacheron & Constantin für Verger, Paris
20er Jahre. 18 kt. Weiß- und Gelbgold. Zifferblatt durch »Rolleau« geschützt. Handaufzug. 9'''. 15 Steine. Breguet-Spirale. Bimetall. Unruh. Linke Krone, um die Jalousie zu öffnen und zu verschließen.
(Privatbesitz) 12.000,-/15.000,-

407 Hebdomas Acht-Tage-Uhr
Um 1920. Nickel. 14'''. Breguet-Spirale. Schraubenunruh. Großes Federhaus für Acht-Tage-Werk.
(Privatbesitz) 700,-/1.000,-

408 Longines. Verschiedene Fliegeruhren Typ Lindbergh.
Um 1930. Edelstahl. Handaufzug. Kal. 10.68 Z. 17 Steine. Autokomp. Flachspirale. Monometall. Schraubenunruh.
(Privatbesitz) 2.500,-/10.000,-

409 Longines, kleine Version der Lindbergh-Stundenwinkel-Uhr
1940. 10 kt. Goldfilled. Handaufzug. 10 L Kal. 15 Steine. Breguet-Spirale. Glucydur-Schraubenunruh. Krone bei der »2« für innere Scheibe.
(Joseph) 2.500,-/4.000,-

410 LeCoultre
40er Jahre. Edelstahl. Fliegeruhr. Handaufzug. Drehbare Lünette durch arretierbare Krone bei der »4«. 17 Steine. Stoßsicherung.
(Joseph) 1.500,-/2.500,-

411 Protona
Um 1940. Edelstahlgehäuse mit eingebautem Mikrophon. Kein Uhrwerk. Sogenannte »Spionageuhr«.
(Crott) 700,-/1.600,-

412 Longines »Flyback«
Ca. 1944. 10 kt. Goldfilled. Handaufzug. Kal. 12.687. 17 Steine. Zentraler Sekunden- und Minutenzeiger, »Stopsekunde«.
(Joseph) 800,-/1.100,-

413 Juvenia mit Rechenschieber
1950. Edelstahl. Drehbare Lünette zum Rechnen. 17 Steine. Autokomp. Flachspirale. Monometall. Schraubenunruh. Incabloc-Stoßsicherung.
(Joseph) 800,-/1.200,-

414 Hamilton »Electric Pacer«
50er Jahre. Doublé. Aufzug: Batterie 1,5 Volt. Elektrodynamisch angetriebene Unruh. Kal. 500. 12 Steine.
(Privatbesitz) 700,-/1.500,-

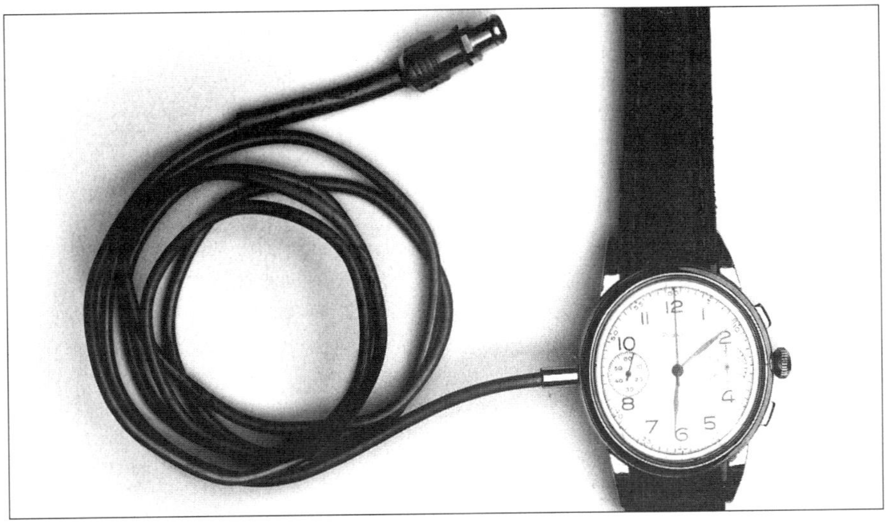

411

412

413

414 A

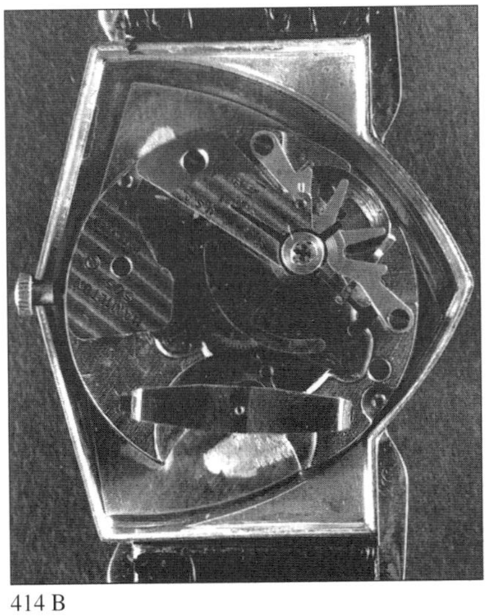

414 B

415

416

417

418

419

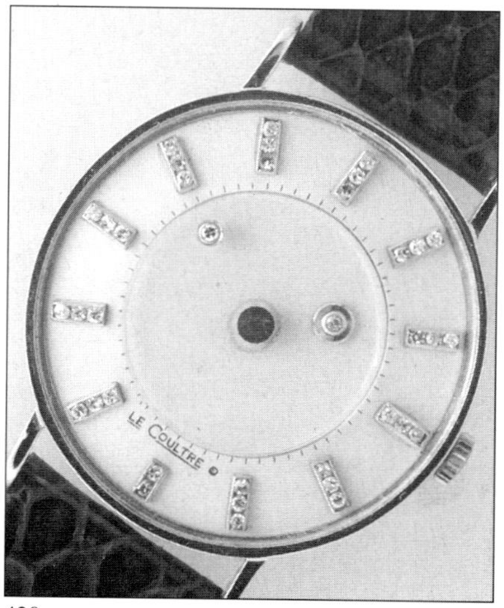

420

415 Players »Fußballeruhr«
Um 1950. Vernickeltes Messinggehäuse. Handaufzug. 12''', FHF, Kal. 27. Genfer Streifen. 17 Steine. Flachspirale. Schraubenunruh. Mit den 4 Drückern lassen sich manuell die Tore und Ecken von 2 Mannschaften einstellen.
(Privatbesitz) 1.000,-/1.400,-

416 Ernest Bord Cocktail-Watch
Um 1960. Edelstahl. Handaufzug. Die Welle für den zentralen Sekundenzeiger treibt eine Scheibe an, die im Zusammenspiel mit weiteren Scheiben, auf denen Stunden- und Minutenzeiger befestigt sind, kaleidoskopartige Bilder zeigt. Indirekte Zentralsekunde. Stoßsicherung Incabloc.
(Privatbesitz) 600,-/1.100,-

417 Juvenia
1955. Doublé. Zeitangabe durch Lineal und Winkelmaß. Handaufzug. Kal. F 46.
5 Lagen justiert. 17 Steine. Flachspirale. Monometall. Schraubenunruh.
(Joseph) 1.800,-/2.600,-

418 Longines »Mysterieuse«
1958. 18 kt. Weißgold. Diamantenbesetzte Lünette und Zeiger. Handaufzug. Kal. 19.4. 17 Steine. Flachspirale. Glucydur-Unruh. Inca-Stoßsicherung.
Ohne Steine auf der Lünette 1.800,-/2.300,-
Mit Steinen auf der Lünette
(Joseph) 2.500,-/3.500,-

419 Girard Perregaux »Mysterieuse«
Ca. 1959. 18 kt. Gelbgold. Minuten und Sekunden auf drehbaren Scheiben.
17 Steine. Stoßsicherung.
(Joseph) 900,-/2.000,-

420 LeCoultre/Vacheron & Constantin
Ca. 1955. 14 kt. Weißgold. Handaufzug. Kal. 480 CW. 17 Steine. Mystery-Uhr. Zeitanzeige durch sich drehende Scheiben.
(Joseph) 2.000,-/3.000,-

421 Gruen, USA, Typ Airflight
Um 1960. Edelstahl. Jumphour Precision. Zentralsekunde. Handaufzug. 11 1/2''', Kal. N 510 SS. 17 Steine. Automatisch um 13.00 Uhr wird von 1-12 auf 13-24 umgeschaltet.
(Privatbesitz) 800,-/1.000,-

422 Favre-Leuba-bivouac
1963. Edelstahl. Handaufzug. Kal. Peseux 320, 10 1/2'''. 17 Steine. Incabloc-Stoßsicherung. Mit eingebautem Höhenmesser (0-3000 m). Auf das Werk ist eine Barometerdose aufgeschraubt.
(Privatbesitz) 800,-/1.500,-

423 Doxa
Um 1960. Edelstahl. Tag- und Nacht-Anzeige durch blaue Scheibe. Stundenanzeige durch Mond bzw. Sonne. Handaufzug. Kal. Chézard 116. 17 Steine. Flachspirale. Glucydur-Unruh. Springende Sekunde.
(Joseph) 1.800,-/2.500,-

424 Bulova »Spaceview«
1965. Verschraubtes Edelstahlgehäuse. Krone rückseitig. Stimmgabeluhr mit Batteriewerk.
(Privatbesitz) 500,-/1.000,-

425 Le Phare
Um 1965. Edelstahl. Datum. Retrograde Zeitanzeige (Stunden, Minuten). 10 1/2''', Kal. Peseux 7046. 17 Steine. Flachspirale. Glucydur-Unruh. Datumsanzeige unter der Lupe.
(Privatbesitz) 500,-/800,-

426 Cervine Freimaureruhr
Ca. 1960. Doublégehäuse. Handaufzug. Kal. Cyma 120. 17 Steine.
(Privatbesitz) 800,-/1.200,-

421

422

423

424

425

426

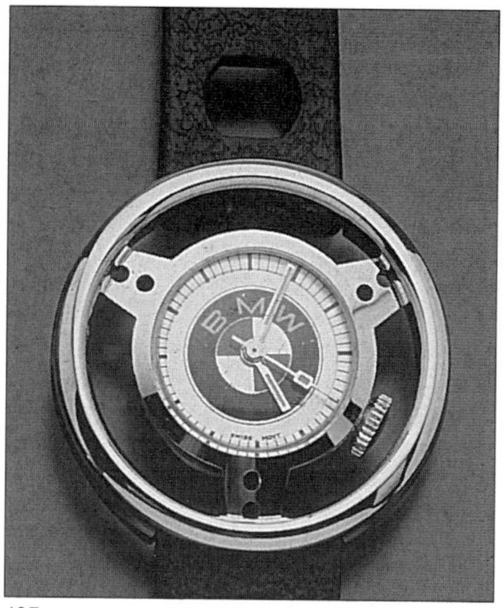

427

428

429

430

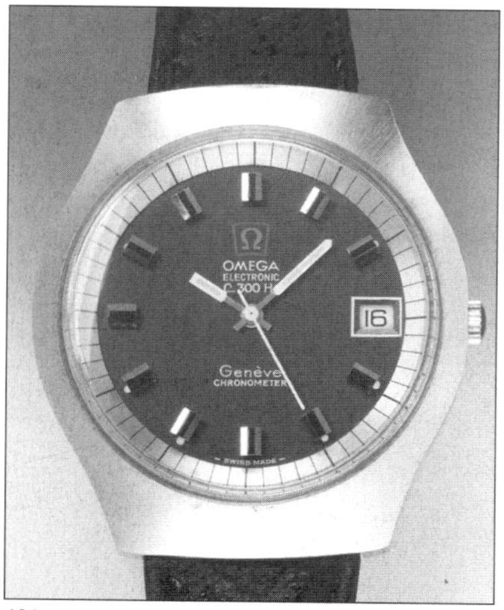

431

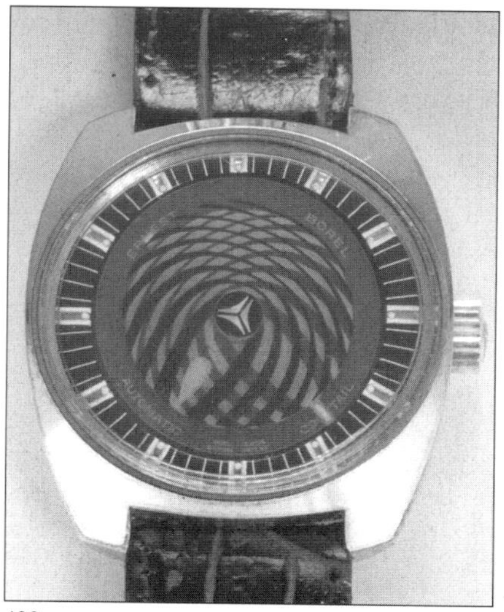
432

427 Anonym Corona Watch, Schweiz
1970er Jahre. Verchromtes Metallgehäuse. Handaufzug. Stiftankerwerk von EB.
(Privatbesitz) 150,-/250,-

428 Waltham
Um 1950. Dreieckiges Doublégehäuse. Edelstahl. Emaille-Zifferblatt. Zentralsekunde. Kal. 25/40. 17 Steine. Stoßsicherung.
(Privatbesitz) 1.500,-/2.000,-

429 Longines Comet
1972. Edelstahl, wasserdicht. Handaufzug. Kal. 702. 17 Steine. Autokomp. Flachspirale. Ringunruh. Stoßsicherung. »Mysterieuse«. 2 mit Punkt und Pfeil bedruckte Scheiben ersetzen die Zeiger.
(Joseph) 300,-/500,-

430 Heuer Solunar
1975. Edelstahl. Rotor-Automatik. Tages- und Datumsanzeige sowie Einstell- und Ablesemöglichkeit für Ebbe und Flut. Die Indikation muß alle 14 Tage von Hand neu eingestellt werden.
(Privatbesitz) 400,-/800,-

431 Omega
Stimmgabel Chronometer 300 H
1976. Edelstahl. Batteriewerk. Stimmgabelschwinger.
(Breitsprecher) 400,-/600,-

432 Ernest Borel Cocktail Watch
Um 1978. Vergoldetes Metallgehäuse. Wasserdicht. Rotor-Aufzug. 17 Steine. Autokomp.-Spirale und -Unruh. Stoßsicherung. »Zeiger« auf der Innenseite des Glases, durch sich drehende Scheiben entsteht ein ständig wechselndes Muster, in dem auch die Zeiger auftauchen.
(Breitsprecher) 400,-/600,-

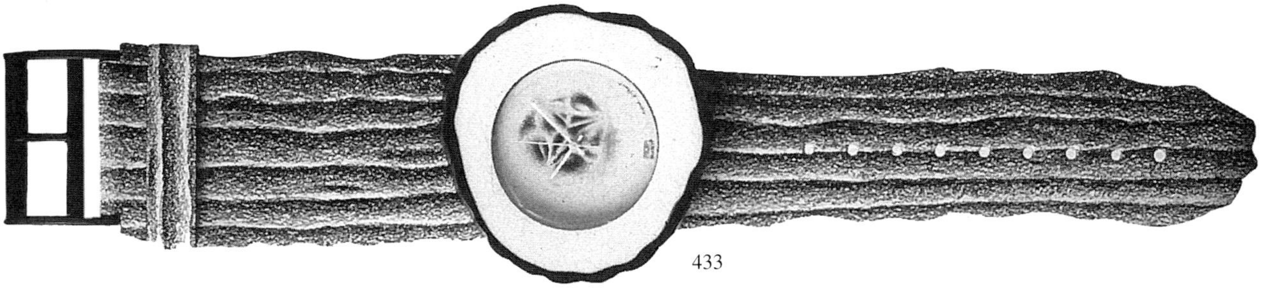

433

Swatch

Jüngstes Kind in der Uhrensammler-Szene ist die 1983 geborene Swatch des Bieler SMH-Konzerns. Der spontane Erfolg des Newcomers läßt sich unschwer daran ablesen, daß innerhalb von nur zehn Jahren 100 Millionen Exemplare abgesetzt werden konnten.

Nachdem die Swatch grundsätzlich als modeorientiertes und vergleichsweise kurzlebiges Wegwerfprodukt konzipiert wurde, haben ihr anfangs nur wenige Sammler wirklich Bedeutung beigemessen. Sukzessive stieg jedoch im Laufe der Jahre das Interesse. Den wirklichen Durchbruch schaffte indessen erst eine spektakuläre Swatch-Auktion im September 1990, die zu exorbitanten Resultaten geführt hatte. Danach war die Swatch in aller Munde. Geschicktes Marketing tat ein übriges, um die Swatch zu einem echten Sammelgebiet werden zu lassen.

Oberstes Prinzip beim Aufbau einer Swatch-Sammlung sollte der Erwerb absolut ungetragener Uhren sein. Nur diese lassen sich später wieder gut verkaufen. Besonderer Beliebtheit erfreuen sich die in limitierter Stückzahl aufgelegten »Specials«, die von den Normalmodellen abweichenden Varianten, die seit 1990 hergestellten Chronographen und Scubas sowie die 1991 eingeführten Modelle mit automatischem Aufzug.

Die Preise für Swatches unterliegen vergleichsweise starken Schwankungen. Deshalb sollte man sich vor dem Erwerb hochpreisiger Sammlermodelle genau informieren.

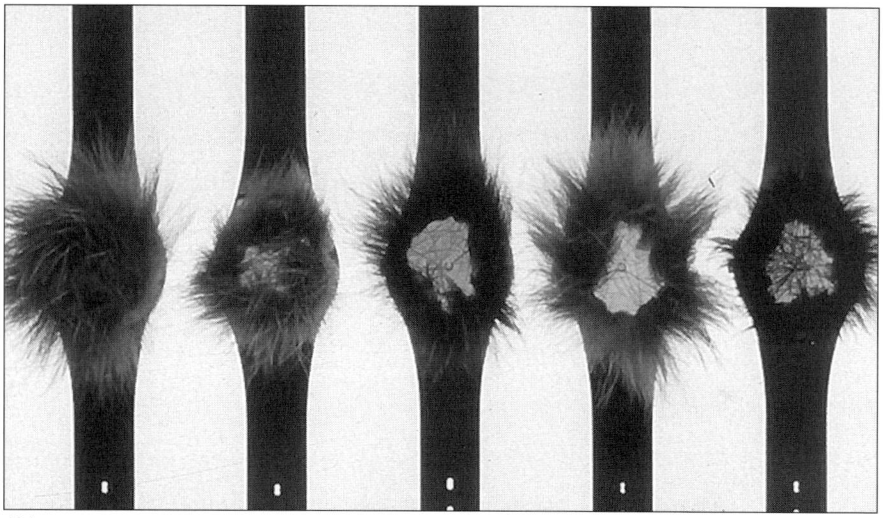

434

433 Swatch
Art Pop, 1991, »BONJU(H)R«
von Alfred Hofkunst, Wien. 1.500,-/1.800,-

434 Fünf Puff-Swatch
1988 cpl. 25.000,-/30.000,-

435 Swatch
1 und 2: "Dont be too late",
Varianten / Venedig 1.500,-/1.800,-
3 und 4: "GB 701"
Varianten / Venedig 1.000,-/1.500,-

436 Zwei frühe Swatch-Chronometer
1: "Black Friday", 1990 200,-/250,-
2: "Skate Bike", Variante mit farbigem Drücker 1.500,-/2.000,-

435

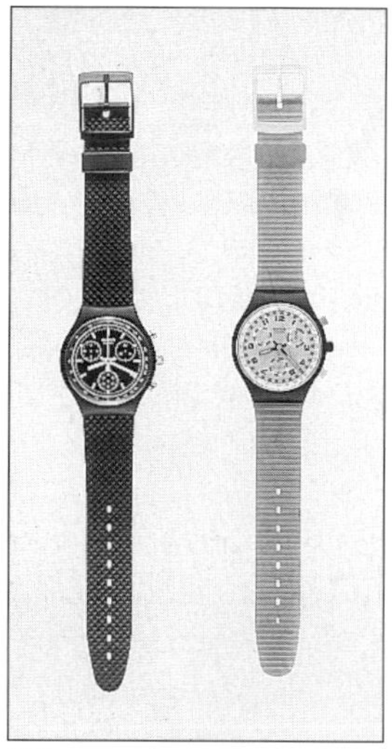

436

437 Die vier Keith Haring Swatch
1: Modèle avec Personage, 1985. 2.500,-/3.000,-
2: Mille Pattes, 1986. 1.500,-/1.800,-
3: Serpent, 1986. 2.500,-/3.000,-
4: Blanc sur Noir, 1986. 2.500,-/3.000,-

438 Swatch Automatic
Black Motion, 1991. 250,-/400,-

437

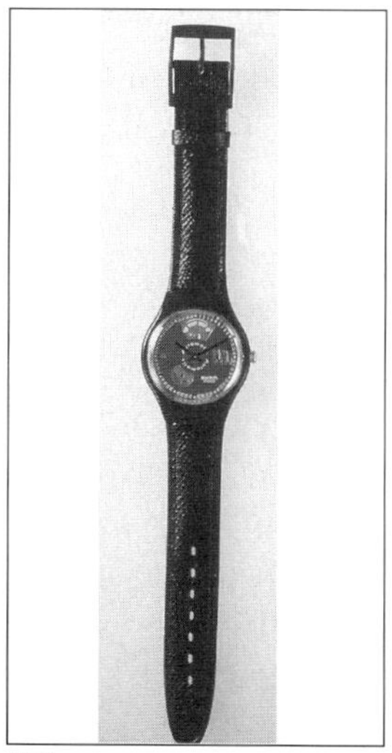

438

FACHHÄNDLERVERZEICHNIS

Deutschland

Aachen	Dr. H. CROTT Auktionen
Berlin	REYNOLDS Objektständer
Bremen	Sammler Uhren GRÜTTERT
Frankfurt/Main	Auktionshaus HÖCHST BAUER OHG
	Antike Uhren P. Michael KEGELMANN
Hanau	MOVADO Watch Deutschland GmbH
Köln	Armand und Roman GRÜNTUCH
Langenau	Berthold HÄGE–NAPIERALA
München	Antike Uhren EDER
Münster	CM Uhren– und Schmuckgalerie mbH
Mutterstadt	HENRY'S
Nürnberg	Thomas NINCHRITZ

Schweiz

Le Locle	Kurt SCHAFFO

Zeitschriften

Schwäbisch Hall	SAMMLER JOURNAL

PATEK PHILIPPE
GENEVE